はじめに

　本書は、香川大学教育学部の理科領域において、教科教育（理科教育学）の教員と教科専門（物理学・化学・生物学・地学）の教員とが共同して実施してきた授業実践に基づいて、学校現場の理科教育をめぐって特にとらえ直しておく必要がある点について、そのとらえ方をまとめて提示しようと試みたものである。

　香川大学教育学部の理科領域では、1998年のカリキュラム改革以来、教育実践力を持つ学校教員の養成を目指すという方針のもとに、教科教育の教員と教科専門の教員との共同による教育活動を進めてきた。また、それらの教育活動を客観的に分析・検討する共同研究も進め、その成果を発表してきた。特に「理科授業研究Ⅰ・Ⅱ」では、教科教育の教員と教科専門の教員のチーム・ティーチング（TT）によって、理科の実験・観察教材の準備・実施や単元の指導案の作成について、学生への指導を行ってきた。これらの授業のために教科専門の教員も、小・中学校の学習指導要領や解説、教科書の検討を積み重ねてきた。

　これらの授業を通して、教科書や学生たちのとらえ方で、いくつか気になる点が浮かび上がってきた。その中でも特に基本的な、生物の進化と種、宇宙の構造、地球温暖化、観察、実験、科学的、理科教育の目的に関して、そのとらえ方を本書では検討している。北林とTTを組んでいる教科専門の教員が生物学・地学であるため、本書には物理学・化学に関する内容は含まれていない。それらも含めた広範な「とらえ直し」については、別の機会に試みたいと考えている。

　なお、教員養成をめぐっては、改善すべき課題がかなり強く提起されている。2017年8月に示された「国立教員養成大学・学部、大学院、附属学校の改革に関する有識者会議」の報告書では、課題の一つとして、教科専門の教員と教科教育の教員との「協働が必ずしも有効に機能していない」ことが指摘され、「教科専門と教科教育をつなぐ学問」として「教科内容構成学」等の必要性が強調されている。本書は、教科専門の教員と教科教育の教員との「協働」が「有効に機能」してきた成果であり、その意味で、「教科内容構成学」を具体化したものと言える。

　本書が、理科教育の現場のみならず、大学の教員養成の現場においても活用されることを願っている。

理科教育をとらえ直す
―教員養成「教科内容構成」の実践に基づいて―

目次

はじめに	北林雅洋	1
第1章 ヒトが一番進化しているわけではない	松本一範	3
第2章 種は絶対的な存在ではない	篠原　渉	37
第3章 宇宙は恒星と惑星だけではとらえられない	松村雅文	45
第4章 ペットボトルの中の温暖化が難しい	寺尾　徹	65
第5章 観察は見ることではない	松本一範	79
第6章 実験の役割は仮説の検証だけではない	北林雅洋	89
第7章 「科学的」は多くの科学者による承認を前提としない	北林雅洋	101
第8章 教育の目的論は学ぶ目的を論じるのではない	北林雅洋	113
おわりに	松本一範	127

第 1 章

ヒトが
一番進化しているわけではない

松本一範

○ 第1章　ヒトが一番進化しているわけではない

　「ヒトが一番進化しているわけではない」。この表題に当惑されている方、あるいは憤慨されている方が少なからずいらっしゃるのではないだろうか。高度な文明を築き、現在地球上で最も繁栄している万物の霊長であるヒトが最も進化した生物であるという考えは、多くの人々に暗黙裏に共有された至極当然な認識なのかも知れない。しかしながら、「ヒトが最も進化した生物である」という考え方は、生物学的には妥当ではない。"進化"という概念を踏まえて生物をとらえると、実は地球上に存在する全ての生物はおのおの最も進化しているのである。「おのおの最も進化しているってどういうこと？」と当惑された方は、ぜひ本章をご一読頂きたい。

　本章ではまず、生命現象の意味（機能・役割）及び、生物の共通性と多様性を理解する上で進化という概念がいかに重要であるかを解説する。次に、初等・中等教育において進化がどのように扱われ、どのような課題や問題があるのかを、香川大学・教育学部生を対象としたアンケート調査に基づいて考える。そして最後に、それらの課題や問題を踏まえつつ、進化を教えるに当たってどのようなことに配慮すべきなのかを提案する。最後まで読んで頂ければ、なぜ「ヒトが一番進化しているわけではない」のかがお分り頂けるかと思う。

1　なぜホタルは光るのか？

　進化の話に入る前に、まず読者の方々に考えて頂きたい生物学的な問いがある。「なぜホタルは光るのか？」。いかがだろうか。至ってシンプルな問いであるが、実は4つの回答が存在する。「4つも答えがあるの？」と思われた方はもちろん、「そんなの知ってるよ！」と思われた方も少しだけ我慢して、以下の話を聞いて頂きたい。

　ニコラス・ティンバーゲンという人物をご存知だろうか。"動物行動学"という学問分野の創始者の一人であり、コンラート・ローレンツ、カール・フォンフリッシュと共に1973年にノーベル生理学・医学賞を受賞した高名な学者である。ティンバーゲンは、イトヨという魚の攻撃行動や配偶行動、セグロカモメの雛の餌ねだり行動、ガンの雛の退避行動など種に固有な行動様式が種に固有な刺激（解発刺激とそれに含まれる鍵刺激）によって解発されること（これを生得的開発機構という）、つまり行

動が起きる「仕組み」をエレガントな実験を用いて明らかにした[1]。それと同時に、行動の生存価（機能・役割）の探求にも努めたことで有名である。例えば、ユリカモメの親は雛が孵化すると割れた卵の殻を巣の外に捨てに行く。親が巣から遠く離れれば、巣に残された未熟な雛には数々の危険が待ち受けている。が、なぜこのカモメは卵の殻を捨てに行くのだろうか？ ティンバーゲンは、ユリカモメの営巣地で実験的に卵のそばに割れた卵の殻を置き、卵が捕食者に襲われる率を測定した[2]。卵の殻の外側は地面に似た迷彩色で目立ちにくいが、殻の内側は真っ白なため、割れた卵の殻は目立ちやすい。案の定、卵と割れた殻の距離が近い程、卵が捕食者に襲われる率が高かった。つまり、孵化後に卵の殻を巣の外に捨てに行く行動には、雛から捕食者を遠ざけて雛の生存率を上げるという機能・役割があることが実証されたのである。ティンバーゲンは、動物の行動を理解するには、その行動が起きる仕組みだけに注目するのではなく、その行動の機能・役割、つまり意味についても注目する必要があることを示したのだ。

　これらを踏まえティンバーゲンはさらに、「なぜ動物は〜の行動を行うのか？」という問いには、実は4つの回答を導く問いが含まれていることを指摘した[3]。これは"ティンバーゲンの4つの問い"と呼ばれている。先ほどのホタルを例にとろう。「ホタルはなぜ光るのか？」；回答1：ルシフェリンという物質がルシフェラーゼという酵素によって酸化された際に光エネルギーが放出されるから、回答2：光を発するように成長するから、回答3：配偶のために求愛信号として光を用いるから、回答4：光を発しなかった祖先から進化して光るようになったから。以上が4つの回答である。回答1は光る仕組みについての、回答2は発達についての説明であり、それらはいずれも光るという行為を引き起こす直接的な要因であるため"至近要因"と呼ばれている。これは個体の一生よりも短いスケールでの説明である。回答3は光ることの意味つまり、ティンバーゲンが提唱した生存価（機能・役割）についての説明である。光ることは個体に繁殖という利益をもたらすため、光るという性質が次世代に受けつがれるのだ。回答4は光るように進化した道筋についての説明である。回答3と4はいずれも光るという行為の意味とその結果に関わる要因であるため"究極要因"と呼ばれている。これは世代を超えた長いスケールでの説明であり、進化概念に基づいて導かれる。動物の行動や生態研究は至近要因と究極要因の解明を目指して行われるが、行動や生態のみならず、どの生命現象もこれら2つの観点からの説明が可能であり、それら両方が解明されて初めてその生物に関する総合的理解が得られることになる。つまり、生物を理解するには、個体の一生より短いスケールにおける生命現象の直接的な要因（仕組み・発達）を問うだけではなく、世代を超えた長いスケールに

○ 第1章　ヒトが一番進化しているわけではない

おける生命現象の意味（機能・役割）をも問う必要があるのだ。では、学校教育では至近要因と究極要因の両面から生物学の学習が行われているのだろうか？　次に、多くの小・中学校で使用されている東京書籍の教科書を例にとり、その内容をこれら2つの視点から見て行こう。

2　なぜ、教科書には「なぜ〜なのか？」がないのか？

　東京書籍が平成27年度に発行した小学理科の教科書[4]（平成20年度改訂の新小学校学習指導要領に基づく）と平成28年度に発行した中学理科の教科書[5]（平成20年度改訂の新中学校学習指導要領に基づく）にある発問には大きな特徴が見られる。発問の形式は大きく5つに分かれるが（表1）、いずれの教科書も「どのように〜なのか」あるいは「どのような〜なのか」という形式がほとんどを占めている。例えば、「よう虫はどのように育って、チョウになるのだろうか」（小学3年）、「あたたかさによって、植物の成長や動物の活動のようすは、どのように変わるのでしょうか」（4年）、「メダカのたまごは、どのように育つのだろうか」（5年）、「食べ物は、口の中で、どのように変化するのだろうか」（6年）、「アブラナやサクラと、マツの花の特徴にはどのようなちがいがあるのだろうか」（中学1年）、「植物と動物の細胞のつくりの、共通する点と異なる点は、どのようなものだろうか」（2年）、「生物が成長するとき、細胞はどのように変化するのだろうか」（3年）などである。他の形式は「何が〜なのか」「何を〜なのか」「どこに〜なのか」などであり、これらは全て生

表1　小・中学校の理科の教科書＊・生物学分野における発問数

学校・学年	発問数	発問形式				
		至近要因				究極要因
		どのように どのような	何が 何を	どこ	その他	
小3	10	9	0	0	1	0
小4	14	14	0	0	0	0
小5	8	3	3	0	1	1
小6	9	4	1	2	2	0
中1	8	6	1	1	1	0
中2	13	12	0	2	0	1
中3	10	10	0	0	0	0
計	72	58	5	5	5	2

＊新編新しい理科　東京書籍（平成27年度）、新編新しい科学　東京書籍（平成28年度）

命現象の直接的な要因、つまり至近要因を問う発問である。一方、生命現象の意味（機能・役割）、つまり究極要因を問う発問は「子葉は、発芽するときに、何かはたらきをしているのだろうか」（小学5年）と「細胞の活動に必要な酸素は、（中略）何に使われるのだろうか」（中学2年）のわずか2つだけであった。小・中学校の生物分野では、生命現象に見られる事実の説明、及び生命現象がいかにして起きるのかという説明に徹しており、生命現象の意味にはほとんど触れない非常にバランスを欠いた内容となっている。

小学4年から6年の教科書には、表紙の裏側の見開きに「〜年では、どんなふしぎに出会うのかな」と書かれてあり、次のページには「『ふしぎ』をつかみそれを解き明かそう」と書かれている。中学理科でも「探求の流れの例とこの教科書の使い方」の欄に「『ふしぎ』を見つけよう」と書かれている。ふしぎをつかんだ際に浮かぶ疑問は普通、「なぜ〜なのか？」ではないであろうか。果たして「いかに〜なのか」という学者めいた疑問を浮かべる児童や生徒は存在するのか、甚だ疑問である。生物学以外の理科の分野では、「なぜ〜なのか？」と問うても「いかに〜なのか」と問うても、その回答は1つしかない。例えば、「なぜ雨が降るのか」という発問に関しては、「空気中の水蒸気が凝結して水滴となり、それらが集まって徐々に大きな水滴となる。やがて水滴にかかる重力が大気による浮力を上回ったとき、その水滴が地表に落ちてくるから」という回答になるが、これは雨が降る仕組みの唯一の説明となろう。雨が降ることに意味などなく、それを説明する究極要因は存在しないため、「なぜ〜なのか？」と問うても「いかに〜なのか」と問うても得られる回答は同じである。しかし、生物学の場合はその限りではない。教科書の発問を「いかに〜なのか」という形式に統一することは、生命現象の意味（機能・役割）を考えさせる妨げでしかない。なぜ、「なぜ〜なのか？」という発問がなされていないのだろうか？　甚だふしぎである。ここで図らずも"ふしぎ"をつかんでしまった。

3 「なぜ〜なのか？」と問う効果

生物の理解には、至近要因と究極要因の両方を解明する必要があることを述べてきた。小・中学校の教育でも生物学分野における発問は「なぜ〜なのか？」とすべきである事を提案したい。発問を「なぜ〜なのか？」とし、至近要因のみならず、究極要因をも考えることには学習にも益があろう。生物学はよく暗記分野であるととらえら

れている。たくさんの生命現象の仕組みをたくさんの名称と供に覚えることが必要であるからだ。現象と名称の羅列が渦巻いているため、それらの暗記に辟易して当然であろう。「いかに〜なのか」という発問では、その仕組みが説明されるだけであり、まさに事実の羅列にしかならない。例えば、小学3年の教科書には「よう虫はどのように育って、チョウになるのだろうか」という発問と「モンシロチョウは、たまご→よう虫→さなぎ→成虫のじゅんに育ちます」という回答が、中学1年の教科書には「花には共通するつくりがあるのだろうか。そのつくりと花のはたらきの関係は、どのようになっているのだろうか」という発問と「花のつくりは外側から、がく、花弁、花粉をもつおしべ、胚珠があるめしべの順についているものが多い。受粉が起こると胚珠は種子になる。種子植物は花をさかせて、種子をつくり子孫をふやす」という回答が書かれている。まさに事実が羅列されており、児童や生徒はそれら一生懸命に覚えることになる。これが延々と続くと考えると、生物学にうんざりすることは火を見るより明らかである。そこに「なぜそうなのか？」という疑問を鋏んでみよう。「なぜ、モンシロチョウは、たまご→よう虫→さなぎ→成虫のじゅんに育つのか？」、「なぜ、花には共通するつくりがあるのだろう？」などである。不思議に思ったことに対しては、至って自然に「なぜ？」、「どうして？」と疑問が湧くだろう。「人は卵から生まれないのに、なぜ、チョウのよう虫は卵から生まれるのか？」「なぜ、花にはおしべやめしべがあるのか？」それらの疑問は、現象の仕組みというよりはむしろ、その現象がその生物にとってどのような意味があるのかということをとらえようとする問いとなる。生命現象の意味を追求することが目的となれば、現象や名称を覚えることはそれを達成するための単なる手段となり、「覚えなければならない」という重圧から児童や生徒が解放されよう。何かを作るために道具の使い方を覚える場合と、なんの目的もなく道具の使い方だけを覚える場合、どちらが効率的に道具の使い方を習得できるだろうか。生物学において「いかに〜なのか」と問いを発することは、生命現象の部分的な理解にしかならないばかりではなく、学習面においても益があるとは考えにくい。生物学は既存の事実を暗記することが目的ではなく、その事実に基づいて生物を包括的に理解することが目的なのである。そのためにぜひ意味を問おう。「なぜ〜なのか？」と。

4 「なぜ〜なのか？」に答えるためには？

　さて、教科書の生物分野には、なぜ？　何のために？　と思わず問いたくなる説明文がたくさんある。小学3年の教科書にある次の3つの例文をそのように問う場合、どのような発問となり、究極要因に対する回答はどのように導かれるか、"ティンバーゲンの4つの問い"とそれに対する回答（回答3と4）を思い出しつつ、少し考えて頂きたい。1)「わたしたちの身のまわりには、いろいろな生き物がいます」、2)「植物のからだは、どれも、葉、くき、根からできています」、3)「こん虫には、たまご→よう虫→さなぎ→成虫のじゅんに育つものと、たまご→よう虫→成虫のじゅんに育つものとがいます」。いかがであろうか。それらの発問と回答は、次のようになる。1)「なぜ、わたしたちの身のまわりには、いろいろな生き物がいるのでしょうか？」→色々な生き物が存在する理由を進化の道筋から説明する（回答4）、2)「なぜ、植物のからだは、どれも、葉、くき、根からできているのでしょうか？」→どの植物にも葉、茎、根が存在する理由をそれらの機能から説明する（回答3）と同時に、どの系統も同様な形質を持つ理由を進化の道筋から説明する（回答4）、3)「なぜ、こん虫には、たまご→よう虫→さなぎ→成虫のじゅんに育つものと、たまご→よう虫→成虫のじゅんに育つものとがいるのでしょうか？」→昆虫が変態を行う理由を各変態ステージの機能から説明する（回答3）と同時に、系統によって変態の仕方が異なる理由を進化の道筋から説明する（回答4）。

　ここで少し、2)と3)に戸惑われた方もいるのではないであろうか。2)については、どの植物も葉、茎、根と同じ特徴を有する、つまり"共通性"が見られる、が3)については、昆虫の種類によって育ち方が異なる、つまり"多様性"が見られる。生物の多様性と共通性、一見相反する事柄のどちらにおいても、その理由を進化の道筋から説明できるということに違和感を感じる方も少なくないのではなかろうか。生物は進化することによって、さまざまなグループに分かれる。例えば、海に生息していた生物種の一部が、河川の環境に適した生物種に進化し、やがてその一部が、陸上環境に適した生物種に進化する。つまり、ある祖先種から様々な子孫種が派生する。子孫種ごとに適する生息環境が異なるため、それらの特徴には多様性が見られる、と同時に子孫種は同じ祖先種を共有しているため、子孫種の特徴には祖先種由来の共通性も見られるのである。このように、生物には進化の記憶が刻まれているの

だ。「共通性を保ちつつ多様でありえる」という一見相反するような特徴を持つのが生物であり、その説明に必要なのが進化という概念なのである。

　進化はまた、生命現象の意味（機能・役割）を説明する際にも必須な概念である。例えば、「植物の根は何のためにあるのか？」と問うた場合、「根は植物のからだを支え、土壌から水分や微量元素を吸収するためにある」という回答になる。根の意味を問うことは、根を持つことが根を持たないことに比べて、植物にどのような益をもたらすのかを問うことである。根を持つことによって、より大きな益が植物の生存や繁殖にもたらされるならば、根を持つ植物は根を持たない植物よりも多くの子孫を残すことができるため、世代を経るごとに、根を持つ植物が集団中に多数を占めるようになる。この現象を"自然選択による進化"という（詳しい説明は9節で行う）。何らかの利点があるため、ある形質（性質や特徴）が進化することを"適応"と呼ぶが、生命現象の意味を回答するには、どのような利点があってその形質が集団中に広まったのかという、適応の概念が必要なのだ。この仕組みによって、さまざまな環境に適応したさまざまな生物が共通祖先から派生するわけである。適応と多様性は切っても切り離せない関係にあるのだ。従って、究極要因の回答には、そもそも進化とは何かということを理解している必要がある。進化を理解する前に、実際に、多様性と共通性が教科書でどのように扱われているのか見てみよう。

5　多様性と共通性

　教科書の各節において、生物の多様性と共通性のいずれに関する説明がなされているのか、調べてみた（表2）。小学校では、多様性だけに関する記述は3、4年では見られるが、5、6年では全く見られず、共通性の説明が中心となる。中学校では、多様性だけを扱った節はなく、目を引くのは、多様性から共通性を導く節が多いことである。例えば、中学1年の「花のつくりとはたらき」という章にある「花のつくりとはたらき」という節では、さまざまな種における花のつくりを説明し、そこから全ての種に共通する構造物（がく、花弁、おしべ、めしべ）を解説している。また、中学2年の「生物と細胞」という章にある「細胞のつくり」という節では、植物細胞と動物細胞を比較し、共通点と相違点を解説している。個々の事象を検討することから一般則を導く帰納的説明が中学では主流となるようである。しかし、多様な生物がなぜ共通した特徴を持つのか、その理由は説明されていない。中学2年の「動物の分

類」という章では、動物は背骨を持つ脊椎動物と背骨を持たない無脊椎動物に分類され、さらに脊椎動物は、からだのつくり・呼吸の仕方・ふえ方によって、魚類、両生類、爬虫類、哺乳類、鳥類に分類されることが説明されている。しかし、なぜ、これらの生物が共通して背骨を持つのか、からだのつくりや生活様式が多様なのか、その理由は説明されていない。

多様性と共通性を理解する上で必要な進化に関する学習は、その次の章「生物の変遷と進化」で初めて行われる。そこでは、進化の定義がなされ、陸上の脊椎動物は魚類から進化してきたことが次のように説明されている:「生物のからだの特徴が、長い年月をかけて代を重ねる間に変化することを進化という。陸上生活をするセキツイ動物のグループは、水中生活をする魚類から進化してきたと考えられる」。さらに、「セキツイ動物は、陸上生活に合うようにからだのしくみが変わることにより、水中生活をする魚類から陸上生活をするほかのセキツイ動物のグループへと進化した」という説明もある。これらによって、魚類が変化することで陸上の脊椎動物が生じたことは理解できるが、脊椎動物に多様性と共通性が見られる理由は示されていない。本章では、発展の欄(学習指導要領には示されてはいない内容)にある"系統樹"(進化の経路を表した樹木の様に見える図)によって脊椎動物5グループの分岐の様子が示されている。系統樹を用いれば、多様性と共通性の説明が可能だが、教科書には系統樹に関する説明がほとんどないため、生徒が系統樹の意味を正確につかむことは困難であろう。進化の概念を把握する上でまず大切なことは、共通の祖先種からさまざまな子孫種が派生したことを理解することである。共通祖先種から子孫種の派生という視点を持てば、自ずから生物の多様性と共通性が矛盾なく導かれよう。進化論の提唱者チャールズ・ダーウィンの著書『種の起源』[6]には図がたった1つ掲載されてい

表2　小・中学校の理科の教科書*・生物学分野において、共通性、又は多様性のみが説明されている節数、及び多様性から共通性が導かれている節数

学校・学年	総節数	共通性	多様性	多様性から共通性
小3	12	2	3	7
小4	16	6	8	1
小5	9	7	0	2
小6	8	7	0	2
中1	8	1	0	7
中2	13	6	0	7
中3	12	3	0	9
計	78	32	11	35

*新編新しい理科　東京書籍(平成27年度)、新編新しい科学　東京書籍(平成28年度)

る。それは、ダーウィン自らが考案した系統樹である。進化の概念を何とか理解してもらおうと、ダーウィンは視覚に訴え、当然のことながら、非常に詳しくその系統樹を説明し、種の絶滅すら描いている。このことからも、進化をイメージするに当たって、系統樹がいかに大切かつ有用であるかが伺えよう。

　生物を理解するには、至近要因と究極要因の両方を解明する必要があると述べてきた。小・中学校では、至近要因の学習に偏っているため、生物の多様性と共通性、及び生命現象の意味を取り上げ、究極要因に関する学習を加えるべきであろう。では、究極要因を考えるに当たって必要な進化は学校教育でどのように学習されているのだろうか。次に、小学校・中学校・高等学校の教科書を見て行こう。

6　進化教育の現状

　小学校の理科の教科書においては、異なる生物にも様々な点において共通性が見られることが次のように紹介されている：植物と昆虫のからだのつくりには、それぞれ共通性が見られる（3年）、人を含む動物は全て、骨、筋肉、関節の働きによって運動することができる：動物と植物の成長や繁殖は、いずれも季節ごとの暖かさに依存する（4年）、植物と動物の生命をつないでいく仕組みには似ているところがある（5年）、人を含む動物は全て、体内の様々な臓器の働きによって生きている（6年）。しかし、生物の進化や変遷に関する事柄は全く記述されておらず、なぜその様な共通性があるのか、その理由は不明なままである。

　中学校では、前述したように、2年で進化に関する学習が行われる。「生物の変遷と進化」という章の、「セキツイ動物の出現と進化」という節では、現存するセキツイ動物5グループについて、セキツイ動物は魚類から始まり、長い年月をかけてその特徴が変化した結果、陸上生活を行う他の4グループが段階的に進化したことが説明されている。さらに、次の「さまざまな進化の証拠」という節では、2つのグループの特徴を持つ生物の存在や、生物化石の存在、さらに相同器官や痕跡器官を持つ生物の存在を挙げ、それらを進化の証拠として説明している。相同器官の例として、哺乳類の前肢を挙げ、それらの形態や働きは種によって多様であるにも係わらず、それらの骨格には共通性が見られることが示されており、その理由も説明されている：「ホニュウ類の前あしの例は、現在のホニュウ類が前あしの基本的なつくりが同じである共通の祖先から進化し、それぞれが生息する環境につごうのよい特徴をもつように変

化したことを示している」。また、痕跡器官の例として、クジラに残る後肢の骨を挙げ、陸上で生活していた哺乳類からクジラが進化したことを説明している。これらの説明から、「生物の多様性は、祖先由来の共通な構造物が変化することによって生み出される」という一般則を引き出すことができると考えられるが、それは明示されていない。あくまでも哺乳類の進化の証拠として、多様性と同時に共通性も見られることが示されているに過ぎない。系統樹を用いれば、系統的に近い関係にある生物どうしには多くの共通した点が、系統的に遠い関係にある生物どうしには多くの異なった点が見られることを容易に説明できると思われるが、系統樹を用いた進化の関係は示されていない。また、どういうわけか、植物の進化は小さなコラムで少し紹介されているだけである。

　発展の欄においては"自然選択"による進化の仕組みも説明されている：「どのようにして進化は起こるのでしょうか。進化が起こるしくみの説明の1つに、自然選択という考え方があります。同じ種類の生物でも、その形や、性質などは少しずつ異なっています。(中略) その形や性質によって、ある環境における生き残りやすさや繁殖しやすさが異なる場合、環境に適した性質やからだのしくみをもったものが世代を経て、少しずつふえていきます。(中略) たくさんの子の中から、生活している環境に、より適したものが生き残ります。生き残った子が次の世代の子を残すと、環境に適した性質が次の世代に伝えられます。このようなことのくり返しによって、生物は進化していくと考えられています」。しかし、適応に即して生命現象の意味（何のために〜はあるのか）を考えることはなされていない。つまり、一般的に生物の形質が生存や繁殖に強く結び付いていることに関する理解が促されることは期待できない。生物の多様性と共通性、及び生命現象の意味を進化の観点から理解することは、中学校での学習だけでは無理であろう。

　平成30年度発行の高等学校の教科書『生物基礎』[7]（平成21年度改訂の新高等学校学習指導要領に基づく）には「生物の多様性と共通性」という章が、また、教科書『生物』[8]（平成21年度改訂の新高等学校学習指導要領に基づく）には「生命の起源と生物の変遷」、「進化のしくみ」、「生物の系統」という章があり、中学校までとは一変し、生物進化が詳細に説明されている。『生物基礎』には、全生物の種数が示され、「生物は、進化することで常に多様化し続けている。現在、地球上で生活する生物の多様性は、進化の結果、生じたものである。その一方で、地球上すべての生物は共通の祖先をもつため、生物の基本的な特徴には共通性がみられる。共通性をもとに多様な生物の進化の道筋（系統）を図で表すことができ、これを系統樹という。私たちが生物の世界をみていくときには、常に多様性と共通性という両方の視点をもつこ

とが必要である」と解説されている。つまり、高等学校になって初めて、生物には多様性と共通性が見られ、それらが進化的観点から説明できることを学習するのである。しかし、多くの生徒が学習するこの『生物基礎』には、それ以上のことは書かれていない。種とは何か、進化とは何か、なぜ多様性と共通性という視点を持つべきなのか、これらは依然として霧に包まれている。

　教科書『生物』には、1）生物の誕生及びその変遷がどのように起きたのか、2）生物進化はどのような仕組みによって起きるのか、3）生物はどのように分類されているのか、ということが事細かく解説されている。その主立った内容を紹介しよう。まず、既に『生物基礎』で学習済みではあるが、全ての生物が持つ共通性を根拠に、現存する生物は全て共通の祖先から生じたことが明示されている：「生物に共通した特徴は、現在の生物が共通の祖先から生じたことに由来する」。そして、生物の多様化が生息環境への適応と関係していることが初めて示されている：「生物は、さまざまな環境要因（酸素濃度、気温、乾燥、重力など）に適応し、多様化した」。次に、進化の定義が明確になされている：「進化とは、1世代内で起こる変化や1個体に起こる変化ではなく、世代を経て生物の集団に起こる変化である」。そして、"遺伝的変異"が進化の出発点であり、進化を遺伝子頻度の変化として集団遺伝学的な観点からとらえ、自然選択のみならず"遺伝的浮動"（偶然による遺伝子頻度の変化）によっても遺伝子頻度が変化する、つまり進化が起こることが解説されている：「ある遺伝的変異が個体の生存・繁殖に影響を与える場合、自然選択がはたらき、遺伝子頻度は変動する。これによって適応が生じる。一方、生存・繁殖に有利でも不利でもない遺伝的変異には、自然選択がはたらかず、遺伝的浮動によって遺伝子頻度が変化する。この過程を中立進化という」。ここで初めて、進化と適応との関係が説明されることになる。また、DNAの塩基配列の違いから生物種どうしの分岐年代が測定でき（分子時計）、系統関係が明らかになることも解説されている。さらに、"生物学的種概念"による種の定義がなされ、"種分化"の仕組みも解説されている：「生殖的隔離が起こり、種分化が起こる。種分化には、地理的隔離によるものと、地理的隔離を伴わないものがある。種の多様化は、適応放散によってもたらされる」。"適応放散"が紹介され、種分化と環境への適応、つまり進化と適応との関係が再度述べられている。生物の分類においては、3つのドメインと原生生物、植物、菌、動物の各界の生物の特徴が詳細に解説されている。以上が『生物』の概要である。いやはや、その情報量の多さには閉口してしまう。大学での学習にも十分に活用できる内容である。高等学校の『生物』には、生物の多様性と共通性、及び生命現象の意味を進化の観点から理解するための情報が十二分に提示されており、高等学校での学習によってようやく生

物の本質がつかめるようになる。とは言うものの、大量の知識を詰め込む高等学校での学習とそれまでの学習との間にはとてつもなく深いクレバスが口を開けており、生徒がそれに飲み込まれて遭難してしまうのではないかと危惧される。なぜ、これほどまで学習の質・量が異なるのだろうか？　甚だ疑問である。では次に、この高等学校での学習によって進化という概念が果たして生徒に理解されているのかどうか見てみよう。案の定、危惧されたとおりであることを先に述べておく。

7　学生の進化に関する認識

2016年に香川大学教育学部生163名（男性85名、女性78名）を対象として進化に関するアンケート調査を行った[9]。被験者は、平成26及び27年度に高等学校を卒業した、いわゆる"脱ゆとり"を掲げた新課程での学習者である。高等学校で進化を履修した、つまり『生物』を学習したグループ（109名）と履修しなかった、つまり『生物』を学習しなかったグループ（54名）とに区別し、1）生物学的な観点から進化を理解しているか、2）自然選択を理解しているか、3）進化の仕組みを理解しているか、という3項目について調査を行った。

1）生物学的な観点から進化を理解しているか

設問：「進化」の本来の意味として誤って使われていると思うものを選択して下さい（選択肢a-fから複数選択可）。

表3　進化の認識に関するアンケート結果

選択肢		誤答率 %	
		履修者	未履修者
a	ヒトとチンパンジーは同じ祖先から進化した	2.8	1.9
b	ヒトは魚よりも進化している	56.0	53.7
c	この野球チームは去年よりも強くなり、進化した	46.8	51.9
d	進化とは物事が良くなること、発展することである	50.5	55.6
e	イモムシがさなぎ、チョウへと進化した	55.0	66.7
f	ポケモンのピカチュウがライチュウに進化する	82.6	75.9

どの選択肢においても、進化の履修者と未履修者間で誤答率に統計学的な有意差は検出されなかった。

表3には各選択肢とその誤答率が表されている。aは正しいが、b-fは誤りである。aの誤答率はかなり低く、ほとんどの被験者が「共通祖先からの進化」という正しい概念を抱いていることが覗える。ところで、a以外は、その内容によって2つに区分

○ 第1章 ヒトが一番進化しているわけではない

される：b、c、dは「進化＝進歩・発展」ととらえる内容であり、e、fは「進化＝変態・成長」としてとらえる内容である。b、c、dを誤りと判断せず、「進化＝進歩・発展」ととらえていた被験者の割合（＝誤答率）は約5割であった。また、e、fを誤りと判断せず、「進化＝変態・成長」ととらえていた被験者の割合（＝誤答率）は5〜8割であった。特に、ポケモンにおける進化（＝変態・成長）という表現は、大部分の被験者にためらいなく受け入れられていた。これらの結果から、進化は物事が良くなる、あるいは1個体の生涯に起こる変化などとしてもとらえられていることが明らかになった。

2）自然選択を理解しているか

設問：「自然選択」に関する以下の文章の中で誤っていると思うものを選択して下さい（選択肢a-fから複数選択可）。

表4　自然選択の認識に関するアンケート結果

選択肢		誤答率 %	
自然選択とは		履修者	未履修者
a	自然が何らかの力を及ぼして、優れたものを選ぶことである	70.6	66.7
b	環境により適したものが生き残ることであり、環境に適しなかったものが滅びることである	80.7	87.0
c	弱い生物が強い生物に食べられてしまうことである	45.0	55.6
d	生物同士が生き残りをかけて闘争することである	46.8	63.0

どの選択肢においても、進化の履修者と未履修者間で誤答率に統計学的な有意差は検出されなかった。

表4には各選択肢とその誤答率が表されている。a-dは全て誤りである。aを誤りと判断せず、「自然選択＝優れたものが選ばれること」ととらえていた被験者の割合（＝誤答率）は約7割であり、bを誤りと判断せず、「自然選択＝適者生存」ととらえていた被験者の割合（＝誤答率）は8割以上であった。どうやら、被験者には「優れた適者が生き残ること」が自然選択であるという認識が蔓延しているようである。次に、cを誤りと判断せず、「自然選択＝弱肉強食」ととらえていた被験者の割合（＝誤答率）は約5割であり、dを誤りと判断せず、「自然選択＝生き残りをかけた闘争」ととらえていた被験者の割合（＝誤答率）は4〜6割であった。つまり、約半数の被験者が自然選択を「血塗られた闘争」とイメージしているということである。どうやら、戦前生まれの有害無益な社会ダーウィニズム的思想[10]が未だに巷を漂っているようである。

3）進化の仕組みを理解しているか

設問：キリンの首が長い理由についての記述の中で誤っていると思われるものを選択して下さい（選択肢a、bのどちらか一方を選択）。

表5　進化の仕組みの認識に関するアンケート結果

選択肢	選択率 %	
	履修者	未履修者
a　キリンの祖先では食物不足の時期には他者よりも1センチでも高所に届くことのできた個体が高いところの木の葉を食べることができ、よりよく生存、繁殖することができた。それが繰り返されることによって、現在のようなキリンが存在している。	40.4	44.4
b　キリンの祖先では食物不足の時期には、高い木の葉を食べるために首を伸ばす必要があった。そのため絶えず木の葉に届くように努力しなければならなかった。この習性はすべての個体で、現在まで維持され、その結果として子孫である現在のキリンの首はながくなった。	56.0	44.4
無回答	3.7	11.1

進化の履修者と未履修者間で選択率に統計学的な有意差は検出されなかった。

　表5には各選択肢とその選択率が表されている。aは正しいが、bは誤りである。bではなく、aを誤りとして選択した被験者の割合（＝誤答率）は4割以上であった。これらの被験者は自然選択による進化の仕組みを理解しておらず、ラマルクが提唱した用不用説（用いられる器官は発達するが、用いられない器官は発達しない）を進化の仕組みととらえられている。また、進化未履修者の約1割がa、bいずれの説明が誤っているのか判断できなかった。

　以上3項目の調査結果から、被験者の進化に関する認識は、高等学校での進化学習の有無には係わらないことが判明した。約5割の学生が進化を発展・改良と、5～8割の学生が進化を変態・成長と、7割以上の学生が自然選択を優れた適者が生き残ることと、約5割の学生が自然選択を血塗られた闘争とそれぞれ誤ってとらえ、さらに4割以上の学生が進化の仕組みを理解していないことが明らかになった。案の定、高等学校での進化学習は、効果的ではないようである。

　先程も指摘したとおり、中学校と高等学校での進化に関する学習には、量・質ともに大きな隔たりがある。高等学校での学習によって進化に関する知識は十分に修得できるが、いかんせん情報量が多すぎる。さらに進化の章は教科書の最後に位置するため、学習時間の制約によって授業できちんと扱われていない可能性も否めない。進化に関する正しい概念を身につけるためには、やはり小・中学校でもう少し進化に関する授業を行い、基礎的な知識を十分に身につけてから高等学校で詳細な知識を習得すべきであろう。高等学校に進学しない者、あるいは高等学校で『生物』を履修しない者にとっては、進化に関する知識は中学校で学習したことが全てである。小・中学校

ではせめて、生物にはたくさんの種類があるが、共通的特徴に基づいて色々なグループに区分できること（多様性・共通性）や共通的特徴をもつ生物がいる理由（共通祖先からの進化とその仕組み）を学習すべきであろう。ダーウィンは、遺伝の仕組みに関する知識を持っていなかった。従って、遺伝の仕組みに関する詳しい学習を行わずとも、自然選択による進化の仕組みを学習することは可能であろう。その際、ダーウィンが『種の起源』で行った様に、家畜や農作物の品種改良を自然選択による進化のアナロジーとして用いると学習の良い手助けになるだろう。これは次節で詳しく説明したい。中学校の学習では、植物（種子植物・シダ植物・コケ植物）と動物（脊椎動物・無脊椎動物）のみが扱われ、また、無脊椎動物については、節足動物と軟体動物のみが紹介され、他の無脊椎動物は"その他"と大括りにされている。生物に親しむためには、まずそれら身近な生物を知ることが必要である事は否めないが、高等学校での進化学習のためのみならず、生態系における生物どうしのかかわり合いの学習のためにも、それら以外の分類群も把握しておく必要があろう。小・中学校での植物と動物にだけスポットライトを当てた手薄な学習のしわ寄せが高等学校の学習に行っているような気がしてならない。

8　進化を教える難しさ

　高等学校での進化学習においては、大量の情報を短期間内に身につけなければならない。進化を効率よく学ぶためには、いくつかの要点を押さえる必要がある。それらは、もちろん中学校での進化学習や小学校で進化を教えるに当たっても鍵となる。この節では進化に関する誤概念を紹介しながら、それを払拭するためには、どういう点にどう気をつけるべきなのかということを検討していこう。

（1）進化に関する誤解

　大学生に対する「アンケート1」の結果にも見られた様に、「進化＝進歩・発展」ととらえられることが少なくない。「ヒトは魚よりも進化している」、「この野球チームは去年よりも強くなり、進化した」、「進化とは物事が良くなること、発展すること」など、進化は生物に限定されたものではないという認識も垣間見える。また、「進化＝変態・成長」ともとらえられている。「イモムシがさなぎ、チョウへと進化

した」、「ピカチュウがライチュウに進化する」など、生物やそれに類するアニメのキャラクターが生涯において形態を変化させることに進化という語が当てられる。生物学的にはこれらは全て誤概念である。では、生物学的な進化とはどのような現象を指すのだろうか。

　生物学辞典では進化は次のように定義されている；「生命が誕生して以来、現在に至るまで生物は変遷し続けてきた。広義には、この過程を生物進化とよぶ。（中略）生物進化は、より狭義には"時間の経過とともに、生物集団中の遺伝子頻度が変化すること"であり、進歩発展の概念を含まない」（東京化学同人）[11]、「生物個体あるいは生物集団の伝達的性質の累積的変化。（中略）一般的には集団内の変化や集団・種以上の主に遺伝的な性質の変化を進化と呼ぶ」（岩波書店）[12]。さらに、行動生物学辞典（東京化学同人）[13]では「進化とは、生物が、世代を経てその形質を変化させていくことをさす」とある。つまり、生物学的に進化とは「生物集団中の遺伝的性質が世代の経過とともに変化すること」を指すのである。変化は客観的な事実であり、辞典に書かれているように、そこには進歩や発展といった主観的な価値観は含まれない。例えば、メキシコの洞窟に生息するブラインドケーブ・カラシンという魚には目がない。洞窟には外部から光が届かないため、目をもつ必要がないのである。洞窟外に生息していた祖先種の一部が洞窟内で生活するようになり、世代の経過に伴って目が徐々に退化し、現在ではその痕跡が認められるに過ぎない。目という複雑な器官がなくなるわけであるから、このような変化は進歩・発展ではなく後退であり、進化とは言えないと考える人がいるかも知れない。しかし、生物集団の遺伝的性質（目の形成には遺伝子が係わる）が世代の経過とともに変化したわけであるから、この魚の目の退化は言わずもがな、進化なのである。我々ヒトもたくさんの退化した器官（痕跡器官）を携えている。尾を失い、犬歯が短くなり、体毛が薄くなるという退化＝進化がヒトには起きたのである。また、進化の定義から判断すると、ある個体の生涯における変化も進化とは言えないことがおわかり頂けるであろう。イモムシがさなぎを経てチョウになることは、成長に伴う変態であり、進化ではない。進化とは、あくまでも、生物集団中の個体の性質が世代を経るごとに変化していく現象なのである。集団における体サイズの平均値が世代ごとに徐々に変化していく様や、黒い個体と白い個体の割合が世代ごとに徐々に変化していく様などをご想像頂きたい。

　次に、半数以上の学生が、「ヒトは魚よりも進化している」、「イモムシがさなぎ、チョウへと進化した」、「ピカチュウがライチュウに進化する」などととらえていたことから、進化とは単純な生物から複雑な生物への移行であるととらえられている感も否めない。これは、魚類→両生類→は虫類→ほ乳類など、一段一段はしごを登るよう

に生物が変わって行き、最後にはヒトが出現するととらえる概念である[13]。生物の出現から現在に至る生物の変遷においては、確かに初期の生物は単純であり、それがやがて複雑な生物に変わっていく様に見える。では、本当にそうなのであろうか。実は進化はこのように直線的なものではない。もし、単純なものから複雑なものへ移行するのが生物ならば、なぜ現在でも単純な生物が存在するのであろうか。答えは簡単。単純な生物も進化を遂げて生き残っているからである。後から説明するように、生物は生息環境に応じた進化を遂げる。生息環境には非生物的環境（光・温度・大気・水・土壌など）と生物的環境（食物・種内関係・種間関係）があり、それらはどれも刻一刻と変化している。全ての生物は、生息環境の変化を追いかけるようにそれに対応した進化を遂げ、生存や繁殖に有利な形質を備えて生き残っているのである。細菌は何十億年間同じ形態を維持しているが、現在の細菌は過去の細菌とはまるで異なり、抗生物質耐性菌など新たな細菌が出現している[14]。また、脊椎動物の祖先は魚類であるが、現在の魚類はそれとはまるで異なる。過去にはマダイやヒラメは存在しなかった。細菌にも魚類にも生息環境に適応する進化が常に起きており、様々な系統が派生しているのだ。これは細菌・原生生物・植物・菌・動物といった全ての分類群に当てはめることができる。つまり、全ての生物はいつの時代も進化の最先端に位置しているわけであり、変わり続けることが生物の特徴なのだ。

　単純なものから複雑なものへとはしごを登るように生物が進化するという誤概念は、「進化＝進歩・発展」ととらえる誤概念とも相まって、巷に流布しているのかもしれない。生物の進化は生息環境に応じた多様化である。単純な生物、あるいは古い形態を保っている生物もおのおの多様に進化する。はしご型進化は、海から陸へ、あるいは陸から空へといった適応など、非常に目立つ多様化だけを取り上げ、それらを年代順に並べたものを俯瞰することによって生じる誤概念である。それを払拭するためには、系統樹を用いた進化のイメージ化が必要であろう。先程も述べたように、進化の概念を把握する上でまず大切なことは、共通の祖先種からさまざまな子孫種が派生したことを理解することである。1つの幹（祖先種）から伸びた複数の枝（子孫種）がそれぞれ更に枝分かれする。この枝分かれのくり返しが正確な進化のイメージである。はしご型に生物が進化するという誤概念は、系統樹の先端に位置する現生生物を一方の端から他方の端へと見渡すことに相当する。それは決して進化の様子を反映してはいない。

(2) 時間の尺度と進化

　生物が実際に進化することをイメージするのは大変難しい。生物が誕生してから約40億年という途方もない長い歳月が流れているが、これはすなわち、生物がこの地球史的な時間の上でごくゆっくりと進化してきたことを示している。残念ながらヒトの一生はせいぜい100年程であるため、それ以上の長い時間を想像できる様にはできていない。これもまた進化の妙である。時間を距離に置き換えると40億年という長い時間をイメージできるかもしれない[15]。1年を1mmとすると、ほとんどのヒトの人生は10cmに満たない。ヒトが日本列島に住み始めたのは約3～4万年前で、距離に換算すると現在地点からたかだか30～40m後方で起きた出来事に過ぎない。ヒトがアフリカで誕生したのが約20万年前で、200m後方の出来事であり、ヒトの祖先とチンパンジーの祖先が別れたのが約700万年前で、7km後方の出来事である。10cmと比べるとこれでも相当に長い距離であるが、生物が経た40億年という歳月は、4,000kmにもなる。札幌から那覇までの直線距離は約2,000kmなので、4,000kmは日本列島の約2倍の長さであり、生物はとてつもなく長い時間をかけて進化してきたことがご理解頂けよう。10cmしか歩くことのできないヒトが、遥か4,000kmの道程で何が起こったのか、当然容易に想像できるものではない。我々の一生は生物の歴史に比べれば短すぎる一瞬の出来事なのである。

　では、生物が進化することは、間接的な証拠、つまり、化石の形態や種組成が年代間で変化すること、よく似ているが少し形態が異なる生物が存在すること、あるいは祖先生物の名残と考えられる痕跡器官を持つことなどでしか証明できないのだろうか。確かに、大きな進化、つまり、魚類が陸上に進出して両生類に進化するとか、爬虫類が空に進出して鳥類に進化するなどを観察したり実験で確かめたりすることは言わずもがな不可能であり、その証明は状況証拠に頼らざるを得ない。しかし、長い時間を必要とはしない小さな進化なら、実は我々の目の前で起きている。例えば、鳥インフルエンザウイルス（ウイルスが生物か否かは意見の分かれるところではあるが）は本来ヒトには感染しないがヒトに感染する系統が出現したこと、大腸菌は本来ヒトにとって病原性がないが、O157など感染症を起こす系統が出現したこと、抗生物質の大量投与により抗生物質耐性菌が出現したことなど、いずれも本来とは異なる性質を示す系統が最近次々出現している。進化とは「生物集団中の遺伝的性質が世代の経過とともに変化すること」であるため、これら新しい系統の出現は全て進化によるものである。これは何も最近に限った話ではない。農作物を守るために農薬が散布され

ると、一旦は害虫が減少するが、すぐに薬剤耐性を持つ害虫が出現する。すると、より毒性の強い農薬が開発され散布される。再び一旦は害虫が減少するが、すぐにまた薬剤耐性を持つ害虫が出現する。すると……。この繰り返しである。農薬が発明されてから今日に至るまで、薬剤耐性害虫の出現と新薬開発という"いたちごっこ"がずっと続いており、これはこの先も止むことのないヒトと害虫との果てしない"進化的軍拡競争"である[16]。薬剤耐性害虫や抗生物質耐性菌の進化を促しているのは、ヒトが作った薬剤という環境なのだ。

　食物の変化により、ガラパゴス諸島に生息するフィンチという小鳥の嘴の形状が進化することも観察によって確かめられている[16,17]。この小鳥は植物の種子を常食としているのだが、干ばつによって柔らかくて小さい種子が不足すると普段は口にしない硬くて大きい種子を食べるようになる。嘴の太い個体は効率よく硬くて大きい種子を食べる事ができるため、細い嘴を持つ個体よりも干ばつによる飢餓を上手く乗り越えられる。飢餓を生き延びた嘴の太い個体は繁殖し、親の性質を受け継いだ嘴の太い子がたくさん生まれる。従って、1世代を経ただけで、フィンチの嘴は太くなる、つまり進化するのだ。

　進化が起きることは実験によっても確かめられている。グッピーという小魚をご存じであろうか。ペットショップでは高い確率で目にすることのできる人気のある淡水魚である。人気の理由はその美しさにある。メスはメダカに似た地味な体型と体色をしているが、オスは大きな背びれや尾びれをマフラーやスカートのように水中に優雅にはためかせながら泳ぐ。さらに、ひれや体表には、黄色やオレンジ色をしたきらびやかな斑点状の模様が見られる。オスの美しい体色は雌を惹きつける。より多くのきらびやかな斑点を持つオスほどより多くのメスを惹きつけて繁殖に成功する。が、それは同時に捕食者も惹きつけてしまう諸刃の剣なのだ。オスの美はジレンマの象徴である。メスを惹きつけるべきか、捕食者から逃れるべきか？　捕食される確率が低い場合、オスは目立ってメスを惹きつけるべきであろう。が、捕食される確率が高い場合、オスは目立つべきではない。この理屈通りにオスの模様が進化することが水槽実験によって確かめられている[18]。捕食者と一緒にグッピーを飼育すると、世代を経るごとに斑点数は減少してオスは地味になる。一方、捕食者がいない場合、斑点数は世代を経るごとに増加してオスは派手になる。捕食者の有無によってグッピーのオスの美しさはたった1〜2年の間に変化＝進化するのだ。さらに、捕食者はこの魚の生活史（一生の時間割）の進化にも関係することが野外実験から確かめられている[16,19]。グッピーは捕食者と共に川の下流部で生息している。滝などの障壁に阻まれた川の上流部にはどちらも生息していない。一部のグッピーを下流部から上流部に移植し、11

年後に両場所でグッピーを採集し、それらの子を同じ条件で飼育した。捕食者のいない上流部の親から生まれた子は、捕食者のいる下流部の親から生まれた子よりも、成熟速度が遅く、大きな体になってから繁殖した。捕食者がいる場所では捕食される前にさっさと成熟して繁殖を済ますことは利に叶っているが、捕食者がいなければゆっくりと成熟して大きな体になってから繁殖する方がたくさん子を残せる。グッピーの生活史の違いは、川の上流部で生活史が進化したことを示している。これら以外にもたくさんの観察や実験によって実際に進化が起きることが確かめられている[20]。進化は我々の身のまわりで常に起きている現象なのだ。では、進化とはどのような仕組みで起きるのだろうか？次に、進化が起きる仕組みを見てゆこう。

（3）自然選択による進化と中立進化

● 自然選択による進化

前述したように、進化によって生存や繁殖に有利な形質を持つことを適応とよぶ。生物が適応を身につける方法を説明する唯一の理論が自然選択による進化である。生物は自分の意思で進化することはできない。いくら大空を飛びたいと願っても翼が生じないのは自明である。では、どのような仕組みで空を飛ぶような進化、つまり、爬虫類から鳥類への変化がおきるのだろうか？ まず、空を飛ぶためには当然、飛行装置を備える必要がある。つまり、地上生活に適していた今までの体を空力学に見合った形態に改変する必要がある。航空機の歴史では試行錯誤を繰り返しながらライト兄弟が初めて飛行に成功した。ヒトが革新的なものを作成する場合、必ずしも理屈通りにことが運ぶわけではなく、試行錯誤と偶然によるところが多い。進化においても同様である。ただ、ヒトがものを作る場合とは異なり、進化には設計者は一切存在しない。つまり初めから「これこれをこのように作ろう」という計画はないのである。それにも係わらず、精巧な器官や形態が進化によって生まれる。進化はまさにリチャード・ドーキンスが例えたように、"盲目の時計職人"[21] と言えよう。

進化の源泉は"変異"、つまり他個体とは少し違う形質（性質や特徴）を持つ個体が出現することである。先程の飛行を例にとろう。鳥類の飛行には羽毛と翼が必要である。ところで、鳥類は実は恐竜の仲間である。恐竜は鳥盤類と竜盤類という大きなグループに分かれるが、鳥類は"鳥"ではなく"竜"と名の付く竜盤類の中の獣脚類（主に肉食）というグループから派生したことが分かっている[22]。近年、羽毛を持つ獣脚類の化石が発見された。鳥類だけが持つと考えられていた羽毛を実は恐竜も持っていたのである。これらは羽毛恐竜と呼ばれ、続々と様々な種類の化石が発見されて

いる。更に、羽毛だけではなく、四肢に翼を持つ獣脚類まで発見されている。

　鳥類への進化をかいつまむと、以下のようになる。まず、それまで体表を覆っていた鱗が変形して羽毛を持つ個体が現れた（変異）。羽毛も現生鳥類が持つような完成されたものではなく、最初は単純な突起であり、それが進化の過程で細かく分枝して刷毛状になって行った（羽毛の発生過程では刷毛状の羽枝というものが形成される[12]）。当然、まだ翼はない。では、何のための羽毛か？　小型な種が多い羽毛恐竜では（口先から尾の先端まで数10cm～1m程度）、羽毛を持つ個体は持たない個体に比べて、体温を効率よく維持することができる。小型の生物ほど、単位体積当たりの表面積が大きく、熱が放出されやすいのだ（クマの仲間などでは、寒冷地に生息する種ほど大型であり〈＝ベルクマンの規則〉、単位体積当たりの放熱量を少なく保っている[11,12]）。従って、刷毛の様な単純な羽毛でもそれを持つ個体は体温維持に要するエネルギーが節約でき、余剰エネルギーを捕食や繁殖など他の活動に有効に回すことができる。つまり、羽毛は個体の生存や繁殖に有利になるように働いたわけである。そのため、羽毛を持つ個体はそれを持たない個体に比べて、上手く生き延びて上手く繁殖できる結果、より多くの子を残した。これを"自然選択"という。羽毛も持つという性質が親から子に引き継がれる、つまり"遺伝"するならば、子の世代には親の世代と比べて羽毛を持つ個体が多く見られるようになる。これが何世代にも渡って繰り返され、やがてその集団は羽毛を持つ個体ばかりで占められるようになった。これが、"自然淘汰による進化"である。変異、遺伝、自然選択という三要素がそろえば、設計者が介在しなくとも、生物は自ずと適応的に進化してしまうのである。さらに、より効率よく体温を維持できる精巧な構造をもつ羽毛が変異によって生じれば、自然選択によって、それが生物集団中に広まる。この繰り返しによって、抜群の保温効果を有する羽毛を持つように進化を遂げたのが現生鳥類である（だからダウンはすこぶる暖かい）。

　翼も同様なシナリオで進化する。まず、樹上生活を行うタイプの獣脚類の中で、木の枝から枝、あるいは地面に滑空することが他個体よりも少し上手くできる構造をした前脚を持つ個体が生じた（変異）。その個体は捕食者から上手く逃れたり、上手く餌が捕れたり、上手く繁殖相手を見つけたりすることができ、他個体よりもより多くの子を残せた（自然選択）。親の前脚の構造は子に伝わる（遺伝）ので、世代を経るごとに滑空をより上手く行える個体の割合が集団中に増した、つまり、上手く滑空ができるように進化した。同時に、羽毛もより滑空に適した構造に進化した。やがて、前脚を動かして少しでも長い距離を滑空できる個体が生じ、それが生存や繁殖に有利であれば、前脚を動かすことを可能とする骨や筋肉、神経などの構造はより多くの子

に引き継がれる。これが繰り返され、ついには飛翔能力を持つ恐竜＝鳥類が誕生したというわけである。飛びたいという意思や、設計者によってではなく、自然淘汰による進化によって、生物は進化してしまうのだ。

　大学生に対する「アンケート2」の結果から、自然選択とは、優れた適者が生き残ることであり、血塗られた闘争であるといった誤概念を持つ被験者が少なからず存在することがわかった。なぜ、それらが誤概念なのか、おわかり頂けただろうか？　自然選択とは、「残す子の数が個体の形質に依存する」という至ってシンプルな概念なのである。この場合、"残す子の数"とは一生涯に作る子の数×生存率、すなわち、単に作った子の数ではなく、そのうち繁殖が可能となるまでに達した子の数を指し、これを"適応度"とよぶ。作る子の数は、上手く繁殖できる程度を示し、生存率は、上手く生き残れる程度を示すため、適応度とは生物の環境に対する有利さの指標となるのだ。適応度が高いということは、決して優れているということを意味するわけではない。以前にも述べたように優れているとは主観に基づいた価値観であり、何をもって優れていると判断するのか、客観的な線引きをすることはできない。また、環境に適したものが生き残り、適しなかったものが滅びることでもない。さらに、弱いものが強いものに食べられてしまうことでも、生物同士が生き残りをかけて闘争することでもない。ただ、環境に適したものがより多くの子を残すということである。

　自然選択による進化とは、「適応度を高める遺伝的形質をもつ個体が世代を経て集団中に広まること」である。平均的な形質を持つ個体の適応度が高ければ、平均的な形質が何世代にも渡って維持される（深海などの安定した環境に生息する生物は古い形態を持つものが多い）。一方、平均的な形質を持つ個体の適応度が低ければ、つまり平均からかけ離れた形質をもつ個体の適応度が高ければ、形質は世代を経るごとに変化して行く（不安定な環境では生物は環境の変化に応じて進化する）。では、どのような形質を持つ個体の適応度が高くなるのだろうか？　それは、その時々の環境によって決まる。既出のガラパゴス諸島のフィンチの例を思い出そう。干ばつによって飢餓が生じ、普段口にしない硬くて大きい種子を食べることができる太い嘴を持つ個体が飢餓を生き延びることができ、その結果、細い嘴を持つ個体よりも多くの子を残した。つまり、気候の変化に伴って太い嘴を持つ個体の適応度が高くなり、フィンチの嘴は太く進化したのである。前述はここまでだったが、この話には後日談がある[17]。干ばつが去り、食糧事情が改善すると、柔らかくて小さい種子の処理に適した細い嘴を持つ個体が有利になった（ゴマをペンチでつかむには苦労がいるが、ピンセットだと簡単）。その結果、細い嘴を持つ個体の適応度が高くなり、フィンチの嘴は干ばつ以前の太さに戻ってしまったのだ。環境の変化に追従するように生物は進化するとい

○ 第1章 ヒトが一番進化しているわけではない

うことがよく分かる自然選択による進化の実例である。生物はこのような仕組みで、進化するのだ。

　進化を駆動する原動力は自然選択（＝形質に基づく適応度の差）であるということがおわかり頂けたかと思うが、ではそもそも進化の源泉である変異はどのように起きるのであろうか？　変異が起きないと自然選択は働きようがない。同じ性質や特徴を持つ個体ばかりだと、当然のことであるが、決して進化は起こらないのだ。進化によって多様な種が派生するには、まず多様な個体が存在しなければならない。個体の多様性が種の多様性を生むのである。

　生物に見られる形質の変異は"環境変異"と"遺伝的変異"に区分される[11,12]。環境変異とは、生育環境の違いや発育の際に起きる偶然的な要因による変異であり、その変異形質は遺伝しない。例えば、子が親より物知りになっても、その知識は孫には伝わらない。あるいは、子が親より体を鍛えても、隆々とした筋肉や敏捷性は孫には伝わらない。環境変異は一代限りで御破算になるのだ。

　一方、遺伝的変異とは、遺伝子や染色体の変化に起因する形質の変異である。精子や卵といった生殖細胞が作られるとき、細胞の核内ではDNAが複製される。そのときごく稀に複製ミスが起き、体細胞のDNAとは異なったDNAが生殖細胞で作られる。DNAは形質の発現に必要な情報（＝遺伝子）を担う物質であるため、DNAの複製ミスによって遺伝子も変化してしまうことがある。DNAに起きるこの変化を"遺伝子突然変異"といい、それを持つ生殖細胞が受精して子になれば、親とは異なる形質（＝変異）が子に発現する可能性がある。また、生殖細胞が作られるとき、DNAとタンパク質が凝集して棒状の染色体が形成されるが、その際に染色体の構造が変化することもある。さらに、細胞分裂時に染色体が上手く分配されず、余分な染色体を含む生殖細胞が作られることもある。これら染色体の構造や数の変化を"染色体突然変異"という。染色体を本に例えると、遺伝子突然変異は文字に起きるミスに相当し、染色体突然変異は章に起きるミス及び受領する冊数の違いに相当する。親とは異なる本が子に受け渡されることで、親とは異なる情報（＝遺伝子）を持つ子が誕生するというわけである。さらに、生殖細胞が作られるとき、父方から受け継いだ染色体と母方から受け継いだ染色体の一部が交換される。これによって親とは異なる遺伝子の組み合わせを持つ子が誕生する。これを"遺伝的組換え"という。現在ではバイオテクノロジーによって、農作物などで人為的に遺伝子組換えが行われているが、生物の世界では、何億年にも渡る歴史の中で繰り返されている悠久の現象なのだ。さらに、遺伝的組換えが起きる際に同じ遺伝子が1つの染色体上に複数複製されることもある。これを"遺伝子重複"とよぶ。重複した遺伝子が変化して元の遺伝子とは

違った新しい機能が獲得されることもある。遺伝子突然変異、染色体突然変異、及び遺伝的組換えによって親とは異なる形質（遺伝的変異）が子に発現した場合、遺伝子や染色体によってそれは孫にも受け継がれる可能性があり、進化の源泉となり得るのである。

　ここで、注意して欲しいことが2つある。1つ目は、遺伝的変異は無作為に起きるということである。環境に応じた有利な形質の発現に係わる遺伝的変異は、あくまでも偶然に出現するのであり、生物が意図的に都合の良い変異を作り出すことはできない。従って、「○○という生物は○○という環境に適応するために、○○を進化させた」という説明をしばしば耳にするが、これを額面通りには決して受け取らないで欲しい。生物は自らの都合で進化の源泉を作り出し得ないし、さらにそれを子孫に意図的に広めることもできないのだ。生物の適応は、偶然による遺伝的変異と機械的な自然選択による結果であり、そこには何者も介在することはできない。従って進化は方向性や目的を持たず、場当たり的に進むのだ。ところで、家畜や農作物の品種改良は自然選択による進化に似ており、ダーウィンは『種の起源』において品種改良を自然選択による進化のアナロジーとして用いている[6]。品種改良は自然選択による進化同様、遺伝的変異から始まる。様々な形質をもつ家畜や農作物の中から、人にとって好ましい形質を持つものどうしを交配させ子を作らせる。その子の中からさらに人にとって好ましい形質を持つものどうしを交配させ孫を作らせる。これを何世代にも渡って繰り返し、ついには大量の乳を生産する乳牛や寒冷地でも育つイネなど、人にとって都合の良い様々な品種が作り出されるのだ。人が好む形質を持つ個体が人に選ばれて繁殖するわけであるから、それらの適応度（＝残す子の数）は高いと言えよう。家畜や農作物の適応度が自らの形質に依存するということは自然選択と同様であるが、品種改良では、人が好む程度によって人為的に適応度が決定されるため「人為選択」と呼ばれている。品種改良とは目的を持った人が介在する方向性のある変化であり、自然選択による進化とは根本的に異なる。

　注意すべき2つ目は、突然変異や遺伝的組換えは必ずしも子の形質に反映されるとは限らないということである。生物の形質は1つの遺伝子だけで決まるものではない。環境及び他の遺伝子との相互作用によって形質が発現する（1つの遺伝子が1つの形質を決定しているように見えるメンデル遺伝でも同様）。つまり、ある特定の遺伝子がある特定の形質発現に関係しているということは、その遺伝子を持っていると、他の遺伝子を持っているよりもその形質が発現しやすい、発現する確率が高いということである。決してその遺伝子を持っていると必ずその形質が発現するということではない。形質に対する遺伝子の影響は、決定論的現象ではなく、あくまでも統計

学的現象なのである。ある遺伝子の効果によって実際的に形質が発現する割合は"浸透度"とよばれ、それは他の遺伝子・環境・性などに影響を受けるのだ[11,12]。これを鑑みると、よく耳にする「遺伝子は生命の設計図である」という比喩が、実は正しくはないことがわかる。もし、遺伝子が生命の設計図であるなら、遺伝子と形質との間には1対1の対応関係が見られる、つまり遺伝子Aが存在すれば必ず形質Aが発現するはずであるが、今述べたように、その様なことはない。では、遺伝子と形質との関係はどのように例えられるのだろうか。遺伝子は形質の発現に影響してはいるが、形質を決定しているわけではない。これは、レシピと料理の関係に例えられる[23]。レシピは料理の味に影響する（レシピが変われば料理も変わる）が、レシピと料理には1対1の対応関係はない。レシピの内容が料理の味のどの部分に対応しているのか、明確に示すことはできまい。料理の味はレシピと食材、及び調理人の腕前によって生み出される総合的な結果であり、食材や調理人が違えば、同じレシピを用いても、料理の味は異なるのだ。同じ遺伝子を持つ一卵性双生児でも、生活環境が異なれば、それらの形質は同じにはならない。遺伝子と形質との関係は、脚本と演劇、楽譜と演奏との関係にも例えることができるだろう。

　ここで進化の源泉に関する最新トピックを紹介しよう。最近、進化の過程において、ある生物の遺伝子が他の生物に取り込まれた可能性があることが報告されている[24]。ヒトを含む脊椎動物の目を作るにはロドプシンというタンパク質が必要であり、その発現にはロドプシン遺伝子が係わっている。ロドプシン遺伝子は脊椎動物だけではなく、軟体動物、節足動物、刺胞動物などにも見られる。さらに、シアノバクテリア（光合成細菌）や渦鞭毛藻（単細胞藻類）でもよく似た遺伝子が見つかっている。進化の過程でロドプシン遺伝子が共通祖先種から細菌・藻類・動物だけに受け継がれたとは考えにくい。また、ロドプシン遺伝子が細菌・藻類・動物といった各系統群で独立的に獲得されたとも考えにくい。おそらく、シアノバクテリアの遺伝子が渦鞭毛藻に取り込まれ、さらにそれが動物の祖先に取り込まれて様々な系統群に行き渡ったのではないかと考えられている。また、海草（藻類）の遺伝子を持ち、光合成を行うウミウシ（軟体動物）の存在も確認されている。おそらく、海草の遺伝子がウミウシに取り込まれたのであろう。遺伝子が系統群間を移動することを"水平伝搬"とよび、微生物種間、昆虫の種間、共生関係にある植物と微生物の間などで生じたとされている[11]。取り込んだ遺伝子によって個体の適応度が変化する可能性があるため、水平伝搬もまた進化の源泉となり得るのだ。ヒトの目の起源はバクテリアにあるのかも知れない。さらに、真核生物の細胞にあるミトコンドリアや葉緑体は、もともと独立に生存していた原核生物（核などを持たない生物）が真核生物（核などを持つ生物）

の祖先の細胞に入り込んだものであると考えられている[25]。生物同士の共生も個体の適応度を変化させる可能性があるため、進化の源泉となるのである。

　大学生に対する「アンケート3」の結果から、進化の仕組みとして、ラマルクが唱えた用不用説が正しいと誤解している者が4割以上も存在することが分かった。「用いられる器官は発達するが、用いられない器官は発達しない」という概念が受け入れられやすい理由としては、まず、「アンケート1」にあったように個体の一生涯に起こる変態や成長を進化と誤解しているということが考えられよう。さらに、努力をすれば報われるという人生観も手伝っているのではなかろうか。首を伸ばそうと必死に努力をした結果、それが叶い、成功につながる。「練習は嘘をつかない」など、学校や社会では目的を達成するためには、努力をすることがなによりも大切であり、努力が美談として語られることが多い。

　用不用説が生物学的に正しくない理由は、先程述べた形質の変異から説明できる。努力の結果、首が伸びたということは環境変異に相当し、その首の長さが子に受け継がれることはない。このように、個体が得た後天的な形質を"獲得形質"とよび、ワイスマンはそれが子に受け継がれないことを実験によって示した。マウスの尾を5世代に渡って切り続けたが、尾の短いマウスが誕生することはついになかった。つまり、切断という外的要因によって短くなった尾（＝獲得形質）は子孫には決して伝わらなかったのである。ワイスマンは、子に受け継がれるのは親の生殖細胞であって体細胞ではないという"生殖質説"を唱え、獲得形質の遺伝を全面的に否定した[26]。さらに、体を作るタンパク質は遺伝子の情報を基に作られるのだが、その逆、つまり、遺伝子がタンパク質の情報を基に作られることはない。遺伝情報の流れは一方通行であり、その生物則を"セントラルドグマ"という。これによっても獲得形質の遺伝は否定される。つまり、体を作るタンパク質に変化が起きても、生殖細胞の遺伝子は変わらないため、その変化は子には伝わらないということだ。また、先程も述べたように、遺伝子と形質との間には1対1の対応関係はない。従って、仮に何らかの経路によって体を作るタンパク質の情報が生殖細胞に伝えられ、かつ何らかの仕組みによってセントラルドグマが克服されたとしても、変異した形質の情報を基に、その形質を生み出すように生殖細胞の遺伝子を改変することは不可能だろう。出来上がった料理（形質）からそのレシピ（遺伝子）を復元することが困難であるように。獲得形質の遺伝は、生殖質説、セントラルドグマ、及び遺伝子と形質との関係という3つの壁で阻まれており[27]、用不用説は生物学的には受け入れられてはいない。

　ただし最近、外的要因によって遺伝子の発現が調節され、それが子にも伝わる現象が報告されている。例えば、妊娠期間中に飢餓を経験した人から生まれる子どもは太

りやすくなるが、その性質は飢餓を経験していない孫にも遺伝する[28]。太りやすいという性質は飢餓という外的要因によって体に起きた変異であるにも係わらず、その性質が次世代にも受け継がれる。この現象では、遺伝子そのものは変化していない。外的要因によって遺伝子発現（ON・OFF）が調節され、その発現調節が生殖細胞を介して次世代に伝わったのである。母胎内で飢餓を経験したことによって、おそらく子の体細胞のみならず生殖細胞においても、遺伝子発現を調節するような変化が起き、それが孫に伝わったのであろう。遺伝子発現の調節は、遺伝的変異とは区別され、"エピジェネティック変異"と呼ばれている。エピジェネティック変異が起きることは様々な生物で確認されているが、遺伝子そのものが変化するわけではないため、根本的には生物は変化せず、進化の源泉とはなり得ない。進化とは時間の経過とともに、生物集団中の遺伝子頻度が変化することであり、今までにはない遺伝子が生じることこそが進化の出発点なのである。エピジェネティック変異が個体の適応度を高める場合、エピジェネティック変異自体も自然選択によって進化した遺伝的形質の１つであると考えることができよう。

● 中立進化

　進化を駆動する原動力は、実は自然選択だけではない。進化の源泉である遺伝的変異は偶然にもたらされるが、偶然性は進化の駆動にも貢献する。例えば今、黒猫と白猫がそれぞれ 50 個体いる火山島があるとする。ある日大規模な噴火がおきて火砕流が発生し、島にいるほとんどの猫がそれに飲み込まれてしまったが、運良く４個体のみが生き残ったとする。白猫も黒猫も災害から逃れる確率に差がないとすると、生き残った４個体が黒猫ばかりになる確率は約６％（$_{50}C_4/_{100}C_4$）であり、３個体が黒猫で１個体が白猫になる確率は約25%（$_{50}C_3 \times {_{50}C_1}/_{100}C_4$）となる。このように元の集団から少数個体のみが生き残るとき、ある形質を持つ個体が、その形質のせいではなく偶然性によって、多く生き残ってしまうことがしばしばあり得るのだ。島の噴火が治まり、生き残った猫が繁殖して、その体色が遺伝する場合、子の世代でも親の体色を受け継いだ黒猫が多くの割合を占めるだろう。黒猫と白猫の割合は当初１：１であったが、偶然性によって黒猫の割合が高くなってしまったのである。この変化は当然、自然選択による進化ではない。黒猫の割合が偶然に高くなったということは、黒い体色に係わる遺伝子の頻度（割合）が偶然に高くなったと考えることができる。このような偶然に生じる遺伝子頻度の変動を"遺伝的浮動"とよび、自然選択に加えて、これも進化を駆動する要因となり得るのだ。この例において、体色によって適応度に差がない、つまり黒猫であっても白猫であっても残す子の数が違わず、自然選択が働かな

い場合、それらの形質を中立的な形質であるという。遺伝的浮動によって中立的な形質を持つ個体の割合、及びそれに係わる遺伝子頻度が変化することを"中立進化"とよび、木村資生が"分子進化の中立説"という理論を用いてその仕組みを説明している[29]。ある形質が集団中に偶然広まったり、消失したりするのはその形質と環境との関係性によるものではないため、中立進化によって生物の適応を説明することはできない。しかし、中立進化によって多様な変異が集団中に蓄えられることもあるため、中立進化は自然選択による進化の源泉を蓄積し、やがて来る環境の変化に備える仕組みであると解釈できるのかもしれない。

9 進化の理解には

さて、進化を教える際の要点をまとめてみよう。

（1）進化の定義と系統樹

まず、進化とはどういった現象であるのか、その定義をしっかりと伝えるべきであろう。アンケート結果から、進化とは一体何なのか、多くの大学生が把握できていないことが明らかになった。学習のよりどころとなる基盤がしっかりとしていないと、知識の体系は上手く構築されず、砂上の楼閣のごとく崩れ去ってしまうだろう。進化とは集団中に起きる世代を経た現象であり、ある個体の生涯に起きる現象ではないこと、また、進化には進歩・発展などの価値観は一切含まれていないことを明確にすることが大切である。さらに、系統樹を用いて進化の様子を俯瞰することも大切である。生物は、単純なものから複雑なものへとはしごを登るように直線的に進化するのではなく、幹から複数の枝が伸び、さらにそれらが分枝するように、共通祖先種から子孫種が次々と派生するイメージを抱かせることが必要であろう。進化とは多様化であり、複雑化のみならず同時に単純化も生み出す。

（2）身近な進化の紹介

進化を意欲的に学習するには、まず進化に興味を抱く必要があろう。進化は何十億年にも渡って生物に起きてきた現象であると同時に、実は身近な現象でもある。現在

でも生物は進化し続けており、それを観察や実験によって示すことが可能であると知れば、進化を単に生物変遷の歴史としてとらえていただけの生徒の認識が変わり、進化学習に対する意欲は高まろう。感染症に係わるウイルスや細菌などの進化がヒトとの戦いに起因していることを知れば、進化は他人事ではなくなる。それらの病原性をより高めないためには、どのような対策が考えられるのか、自然選択による進化の仕組みから考えることができる。病原体への対処は"進化医学"という分野で扱われている課題であり[30]、進化的な考え方は実用性にも富むものであると理解できよう。また、野外観察や実験による進化の例は、前述したフィンチの嘴やグッピーの体色はもとより、その他数々報告されている[20]。それらを紹介するだけでも、進化を身近に感じることができよう。

（3）進化の仕組み

進化に関する誤概念を払拭するためにも、是非進化の仕組みを教える必要があろう。偶然による遺伝的変異の出現と機械的な自然選択の働きによって、生物は環境に適応するように自ずと進化してしまう。これが理解できれば、進化は場当たり的に進みつつ生物を研ぎ澄ます"盲目の時計職人"[21]であり、生物が大変上手くデザインされている理由を把握できよう。進化の仕組みを教えるに当たっては、ダーウィンが『種の起源』[6]で行ったように、まず、品種改良の説明から入ると分かりやすいだろう。家畜や農作物に存在する様々な品種が人為選択による品種改良により、ある原種から作られたことをアナロジーとして、自然選択による進化を説明することができる。さらに、簡単なモデルを用いて自然選択による進化のシミュレーションを行えば、進化の仕組みのエッセンスをつかむことができる。例えば、黒い個体は生涯4匹の子を、白い個体は生涯6匹の子を生み、子は各親の形質を受け継ぐとする。黒い子は1/2の確率で、白い子は1/6の確率で生き残りそれぞれ大人になるとする。第1世代には黒い個体が1匹、白い個体が5匹おり、どの個体も子を作るとし、各世代における黒い個体と白い個体の割合がどう変動するのか図で示して確かめてみる。このモデルでは、進化に必要な3要素、変異（黒い個体と白い個体が存在）、遺伝（子が親の形質を受け継ぐ）、及び自然選択（適応度が形質によって異なる）が全て満たされているため、適応度の高い黒い個体が世代の経過とともに集団中に高い割合を占めるようになるが、それを是非実際に確かめて頂きたい。

10　まとめ

　生物を理解するには4つの観点からの問いが必要であり、それらは、至近要因と究極要因に関する問いに二分される[3]。小・中学校の教科書においては、「いかに〜か」と生命現象の仕組みを問う至近要因に関する発問がほとんどを占め、「なぜ〜か」と生命現象の意味、つまり究極要因をも問う発問はごくまれであった。このように、小・中学校では、バランスを欠いた生物教育が行われており、生物を包括的に理解する学習ではなく、生命現象の仕組みを暗記するだけの学習が主となっている。「なぜ〜か」と生命現象が持つ意味に対して疑問を抱くことは、ごく自然な発想であり、生物探索に興味を持つきっかけとなろう。その興味はやがて能動的な学習につながり、生物の包括的理解を生むと同時に、暗記中心の学習から自らを解放することにもなろう。

　究極要因を導くためには、進化的概念が必要である。生物は多様でありながら同時に共通性を有することは、共通祖先種から多様な子孫種が派生したことで説明できる。さらに、生命現象の意味を理解するためには、生物が進化によってどのような適応を獲得したか、換言すると、どのような利点があってその形質が集団中に広まったのかということを考える必要がある。そして、その適応こそが多様性を生み出す主要な要因であることを理解する必要がある。残念ながら、進化に関する教育は小学校では全く行われておらず[4]、中学校でようやく脊椎動物の変遷とその証拠が示されるにとどまっている[5]。また、自然選択による進化の仕組みに関しては、その概要のみの説明となっている。一方、高等学校では、生物の多様性と共通性、及び生命現象の意味を進化の観点から理解するための情報が十二分に提示されているが[8]、いかんせん情報量が多すぎるため、短期間の学習で全てをマスターすることにはかなりの困難を伴うと判断される。案の定、進化の履修者であっても、未履修と同様に、進化に対する誤認識、自然選択や進化の仕組みに関する不理解が見られ、高等学校での学習効果はほとんど見られないことが判明した。高等学校における過度に集中的な進化学習は、学習効果の低下を招くと同時に、中学校で得た簡単な知識だけで進化に対する認識が形成されてしまうという弊害も招くだろう。それらを避けるためには、進化学習をもっと早い時期から始め、高等学校での学習負担を減らす必要があろう。小学校では、動物や植物の他にも様々な種類の生物が存在し、それらの生物は決してバラバラ

ではなく、よく似た特徴を持つもの同士をまとめてグループにすることができることに気づかせ、多様でありながら共通性を持つという生物の大きな特徴をまずつかませたいものである。また中学では、脊椎動物のみならず、全ての生物において、同じ特徴を持つ生物は、同じ生物から派生したこと、及びその派生は自然選択によって生物が様々な環境に対する適応の結果生じることを学ばせたいものである。生物の形質にはそれぞれ意味があり、それが環境に対する適応の結果として進化的に獲得されたものであることが理解できよう。そうなることで晴れて「なぜ〜なのか？」という問い対する回答を導き出せるようになるのだ。

　さて最後になるが、ここまで読んで頂いた方は、本章の章名でもある「人が一番進化しているわけではない」理由が既にお分かりであろう。まず、進化とは世代を経る変化であり、そこには進歩や発展と言った価値観は一切含まれてはいない。人は確かに他の生物に比べて知能が発達している。しかしそれはヒトという生物が進化の過程でたまたま獲得した１つの形質に過ぎない。知能の発達をもって人が最も進歩していると考えるのは手前味噌というものだ。ゾウが鼻の長さをもって我々が一番進歩していると主張すれば、読者の皆様は、どうお感じになられるだろうか。各生物は様々な形質を進化の過程で獲得し、それぞれ立派に生存しているのであり、他の生物に劣っていると言われる筋合いは毛頭ない。また、進化とは梯子を一段一段登るように生物が変化していく事ではなく、幹から枝が何本にも分かれていくように、共通祖先種から多様な子孫種が派生することである。原始的な生物から直線的な過程を経てヒトが誕生するという進化の図式には、自己中心的な人の考え方が反映されている。生物は決してヒトになるために進化して来たわけではない。生物の進化の様子は系統樹によって表され、現存するあらゆる生物はその枝の末端、つまり進化の最先端に存在している。「全ての生物は各々最も進化している」のだ。進化を理解することは生物の世界における我々ヒトの位置付けを知ることにもなる。他の生物に対して少しは謙虚になれるのではなかろうか。我々は特別な存在ではないと。

【注】
1　永野為武（訳）『ニコラス・ティンバーゲン　本能の研究』三共出版株式会社、1975年。
2　Tinbergen N. The shell menace. Natural History, 1963, 72: 28-35.
3　Tinbergen N. On aims and methods of ethology. Zeitschrift für Tierpsychologie, 1963, 20: 410-433.
4　毛利衛・黒田玲子ほか『新編新しい理科３年、４年、５年、６年』東京書籍、2015年。

5 岡村定矩・藤嶋昭ほか『新編新しい科学1、2、3』東京書籍、2016年。
6 渡辺政隆（訳）『ダーウィン　種の起源　上、下』光文社古典新訳文庫、2009年。
7 浅島誠ほか『改訂生物基礎』東京書籍、2018年。
8 浅島誠ほか『改訂生物』東京書籍、2018年。
9 安住華『進化教育の現状と問題点に関する研究』修士論文　香川大学、2017年。
10 長谷川寿一・長谷川眞理子『進化と人間行動』東京大学出版会、2000年。
11 石川統・黒岩常祥・塩見正衛・松本忠夫・守隆夫・八杉貞雄・山本正幸（編）『生物学辞典』東京化学同人、2010年。
12 巖佐庸・倉谷滋・斎藤成也・塚谷裕一（編）『岩波生物学辞典第5版』岩波書店、2013年。
13 上田恵介ほか（編）『行動生物学辞典』東京化学同人、2013年。
14 池本孝哉・髙井憲治（訳）『ポール・W・イワールド　病原体進化論　人間はコントロールできるか』新曜社、2002年。
15 吉成真由美（編・訳）『リチャード・ドーキンス　進化とは何か』早川書房、2014年。
16 渡辺政隆（訳）『カール・ジンマー　「進化」大全　ダーウィン思想：史上最大の科学革命』光文社、2004年。
17 樋口広芳・黒沢令子（訳）『ジョナサン・ワイナー　フィンチの嘴　ガラパゴスで起きている種の変貌』早川書房、1995年。
18 Andersson M. Sexual selection. Princeton University Press, 1994.
19 Reznick DN., Shaw FH., Rodd FH., Shaw RG. Evaluation of the rate of evolution in natural populations of guppies (Poecilia reticulata). Science, 1997, 275: 1934-1937.
20 更科功・石川牧子・国友良樹（訳）『カール・ジンマー＆ダグラス・J・エムレン　カラー図解　進化の教科書　第2巻　進化の理論』講談社、2017年。
21 中嶋康裕・遠藤彰・疋田努（訳）・日高敏隆（監修）『リチャード・ドーキンス　ブラインド・ウォッチメイカー』早川書房、1993年。
22 土屋健『白亜紀の生物　上巻』技術評論社、2015年。
23 Dawkins R. Replicator selection and the extended phenotype. Zeitschrift für Tierpsychologie, 1978, 47: 61-76.
24 NHKスペシャル「生命大躍進」制作班（編）『NHKスペシャル　生命大躍進』NHK出版、2015年。
25 中村桂子（訳）『リン・マーギュリス　共生生命体の30億年』草思社、2000年。
26 Weisemann A. The germ-plasm; a theory of heredity. Tr by Parker WN., Rönnfeldt H. Charles Scribner's sons, 1893.
27 木村武二（訳）『J.メイナード＝スミス　生物学のすすめ』紀伊國屋書店、1990年。
28 Heijmans BT. et al., Persistent epigenetic differences associated with prenatal exposure to famine in humans. Proceeding of the national academy of sciences, 2008, 105: 17046-17049.
29 木村資生『分子進化の中立説』紀伊國屋書店、1986年。
30 長谷川眞理子・長谷川寿一・青木千里（訳）『ランドルフ・M・ネーシー＆ジョージ・C・ウイリアムズ　病気はなぜ、あるのか』新曜社、2001年。

第2章

種は絶対的な存在ではない

篠原　渉

○ 第2章　種は絶対的な存在ではない

　植物を採取し同定する実習を行っていると、学生から「これとこれは別種ですか？」という質問を受けることがある。また新種を発見したという記事を年に何回か新聞等でみかける。別種や新種という言葉に含まれる「種」という言葉は、新聞などでなんの説明もなく使用されていることから見ても一般にも広く知られている。この「種」という言葉は高校の教科書に初めて出てくる用語なのだが、高校で生物学を履修していない学生でも「種」という用語を知っている。そして多くの学生が、（生物に興味のある多くのアマチュアの方々もそうだが）種は不変の確固たる存在であるかのように思っているフシがある。しかし改めて「種」とはなにであるかを問うと、多くの学生はうまく答えることができない。では「種」とはいったいなんなのであろうか？実は種はそれほど絶対的な存在ではないのだ。

　ここでは「種」についてその種を定義する種概念の紹介から、いかなる種概念もすべての生物をうまくは定義できないことを示し、種が必ずしも絶対的な存在ではないことを示す。そしてさらに種より高次の分類群について、その認識について議論し、さらに中学の教科書にみられる人為的な分類群について最後に言及する。

1　個体以上の最初の生物学的なまとまり「種」

　食卓の食材を思い浮かべてほしい。昨日の晩御飯がカレーであれば、ゴハン（コメ）にカレーのルーがかかっている。ルーの中を詳しく見ていくとニンジン、ジャガイモ、タマネギが入っているだろうし、肉として牛あるいは豚なども入っているだろう。またサラダに目を移すとレタスとトマトが入っている。あるいは動物園の様子を思い浮かべてほしい。フラミンゴ、フタコブラクダ、アミメキリン、インドゾウなどの動物がいる。また春の野原を散歩しているところを想像してみよう。カンサイタンポポやコメツブウマゴヤシ、カラスノエンドウやシロツメクサの花が咲いている。これらは何を表しているのだろうか？　生きものの世界を見渡した時にまず私たちの認識として「個体」がある。例えば電車に乗っていて自分自身と向いの席にすわっているおじさんは、自分とは不連続性があり、つまり境界がハッキリした「個体」であ

る。この「個体」の認識について異論がある人はほとんどいないだろう。動物にしても植物にしても個体同士は基本的に空間で隔てられており、その境界線があいまいになることはない。では生き物の世界を個体以上に仲間別けすることはできるだろうか？　多くの人がそれを自然に行っている。先ほどの例にあげたニンジンやジャガイモやトマトなどがそれである。生物学の世界では個体以上の最初の生物学的なまとまりを「種（species）」と呼んでいる。では種は実在するのだろうか？

2　「種」とは何かを定義する種概念

　個体以上の生物学的なまとまりである「種」が実在するとすれば、すべての生物に共通する「種」とはどのように決まるか、あるいは「種」とはどのようなものであるかの定義が必要となる。この「種」がどのようにして決められるかの定義は種概念と呼ばれている。

　わかりやすい「種」の認識として同種のものは交配することができて子孫を残すというものがある。確かにイヌ同士は形態形質が大きく異なっていても交配して子を産むことが可能であるが、イヌとネコは交配して子孫を残すことができない。この交配して子孫を残すことができるかどうかを指標にした「種」の定義を生物学的種概念と呼ぶ[1,2]。生物学的種概念を提唱したマイヤーの言葉でもう少し詳しく説明しよう。生物学的種概念とは「相互に交配を行う自然個体群のグループで、他のこのようなグループから生殖的に隔離されたもの」である[1]。生物学的種概念はその「種」の中にオスとメスがあり、オスとメス間で交配して子孫を残す生物には実によくあてはまる。そのため生物学的種概念は多くの動植物に当てはめることができる。生物学的種概念では、ある生物の個体群と別の生物の個体群がそれぞれの個体群の中では交配して子孫を残しているが、お互いの間では交配はおこらない場合それらは別種ということになる。しかし、マイヤーの定義した生物学的種概念をもう少し丁寧に読むと「相互に交配する自然個体群で……」とある。ここで一つの疑問が生じる。それぞれの生物には分布域がある。マイヤーの定義によると２つの生物の個体群が同じ生息域に生活していて出会っているにも関わらず相互に交配できない場合はそれぞれ異なる種と認識できる。しかし別々の地域に生育し、分布域が重ならない生物間での種の認識はどのようにして行えばよいのだろうか？　極端な例では別々の大陸に生育する生物間では物理的に交配することができない。これらがもし出会った場合に生殖して子を残

すのか、残さないのかを調べることが原理的に不可能である（人為的に交配させて子ができたとしても、自然集団で交配が起こるという保証にはならないのだ）。これが生物学的種概念の問題のひとつだ。しかし生物学的種概念にはさらに大きな問題がある。それは生物にはこの生物学的種概念がうまく当てはまらない生物群が存在する。それは無性的に生殖して子孫を残す生物だ。身近な例ではセイヨウタンポポが挙げられる。セイヨウタンポポは卵が精細胞と接合することなく種子をつくり、子を残す。また大腸菌のような単細胞生物の多くは1個体から分裂によって個体数を増やす。この過程で他個体との交配は起こらない。これら交配して子孫を残すことがない生物に生物学的種概念を当てはめるとどのようなことが起こるのだろうか？　個体間での交配は起こらないので、生物学的種概念の下ではこれらの無性生殖を行う生物はすべて個体が別々の「種」となるのだ。つまり生物学的種概念を用いると有性生殖をおこなう在来のカンサイタンポポはカンサイタンポポの個体の集まりが「種」となるのに対して、無性生殖のセイヨウタンポポは各個体が種になるのだ。これではあまりにも都合が悪い。無性生殖を行う生物は植物や原生生物に多数あり、これらのひとつひとつの個体が種となるようではあまり実体を反映しているとは言えないであろう。このように生物学的種概念（交配可能かどうか）はすべての生物に対して「種」を定義できる種概念ではないのだ。

3　いろいろある種概念

では生物学的種概念の他にすべての生物の「種」に対応できる種概念はないだろうか？　実はこれまでにたくさんの種概念が提唱されているが、未だに万人が納得するような決定版の種概念はないのが現状である。ここでは主なものを紹介しよう。進化学的種概念という種概念がある。生物は過去から現在まで進化を経て多様な生物が地球上で生育している。そして生物の歴史を考慮して「種」を定義しようとしているのが進化学的種概念である。進化学的種概念を提唱したワイリーの言葉を用いると「進化学的種は、他の類似の系列から独自性を維持し、独自の進化的傾向と歴史的運命をもつ、単一の祖先──子孫個体群の系列」とある[1]。セイヨウタンポポの例でいうとセイヨウタンポポはお互いに交配することはないものの、その分布域、生育環境は同じであり、例えば個体間で同じ病気に弱かったり、気候の変動に対しても同じように応答することが考えられるので、歴史的運命を共にしていて「種」だと考えられると

いうことだ。進化学的種概念は有性生殖を行う生物も無性生物をおこなう生物にも当てはめられるため、一見するとよい種概念のようにみえる。しかし、進化学的種概念の問題点はその定義の曖昧さだ[2]。「進化的傾向」と「歴史的運命」とは一体何なのか？　さらにこれらがわかったとしても進化学的種概念は「種」を定義づける明確な機構が存在しないのだ。生物学的種概念であれば種概念自体の中に交配可能かどうかどうかというとてもシンプルな種を判別できる機構が備わっていた。そのため実験的にであれ、観察によってであれ、交配可能性がない場合には客観的に種を認定できたのだ。ところが進化学的種概念はその歴史を共有するという曖昧な定義のため、どこまでが歴史を共有しているといえるのかはっきりしない。進化学的種概念は判断するモノサシがない状態なのである。

　テンプルトン（1989）はすべての生物に適応でき、種の境界の評価基準を有する種概念として結合的種概念を提唱した。テンプルトンの言葉で説明すると「結合概念による種とは、内在する様々な結合機構を通して表形的に結びつくことのできる個体から成るもっとも包括的な個体群である」となる[2]。内在するさまざまな結合機構とは交配可能性も入るし、同じ生育環境でうける自然選択圧、そしてある遺伝子の頻度が個体群の中で偶然の効果により変動する遺伝的浮動も入る。この種概念のよいところは、すべての生物、有性生殖をおこなうものから無性生殖をおこなうものにまで適用でき、さらに種概念の中にその種の境界を決定するメカニズムを内包している点である。しかし、この結合的種概念も欠点がある。結合的種概念は「概念」として体をなしていないのである[3]。どういうことかを直海（2006）に基づき以下に解説する[3]。通常の概念には内包と延展がある。内包とはその概念を表す特徴であり、延展とはその概念に含まれる具体的な種類である。例えばシダ植物を考えたとき、それは「胞子をつくる」「維管束がある」「根茎がある」「光合成をする」といったシダ植物に共通の特徴がある。延展とはベニシダやイヌワラビといったシダ植物の具体的な種になる。ここでより大きな括りである維管束植物という概念を考えてみる。維管束植物はシダ植物を含む概念である。維管束植物には種子植物も含まれる。ここで維管束植物の内包を考えると「維管束がある」「光合成をする」といったシダ植物と種子植物に共通の内包だけが抽出されることになる。そのため、よりレベルの高い概念、より包括的な概念では内包は少なくなる。一方で延展はというとベニシダ、イヌワラビといったシダ植物の種に加えて、種子植物の種（ツバキとかキンモクセイとかセイヨウタンポポなど）が増えるため、数は必然的に増える。つまり延展はより包括的な概念では増えるのである。つまり概念はより高次のレベルの概念になると内包が減り、延展が増えるといった特徴がある。ここで結合的種概念をもう一度見てみる。結合的種

概念の定義では内在する様々な結合機構を通して」とあるがこの様々な結合機構には交配可能性、遺伝的浮動、遺伝子流動が含まれる。つまり結合的種概念の内包として「交配可能性」「遺伝的浮動」「遺伝子流動」などがあげられる。また延展として、有性生殖種や無性生殖種があげられる。ここで「交配可能性」だけを基準にしている生物学的種概念に着目してみよう。生物学的種概念は有性生殖種だけに適応可能であるため、その延展（種数）は結合的種概念よりも少なく、結合的種概念より下位の概念であることがわかる。ところが生物学的種概念の内包は「交配可能性」だけであり、下位概念であるはずの生物学的種概念のほうがその内包が少なくなるという矛盾が起こるのだ。これは結合的種概念も完璧な種概念ではないことを表している。

　以上のようにヒトは生物の個体以上の個体群のまとまりとしての最小単位となる「種」を定義づけにいまだに成功していない。そのため「種」はそれほど絶対的な存在ではないことを理解していただけたと思う。実際に種が実在するかどうか（人間がもしいなくてもそこに種という生物学的なまとまりが実在するかどうか）は、多くの進化生物学者を悩ませてきた大問題なのだ。そしてどのような種概念を採用するかによって同じ生物を見てもその「種」の範囲が研究者によって異なることも起こりうる。逆の見方をすれば、「種」のあり方の多様性は生物のあり方そのものが実に多様であることを示していると言えるだろう。

4　種以上の生物学的なまとまりは実在しない

　では次に「種」以上のより大きな括りでの生物のまとまりを見ていくことにしよう。「種」は確かに実在する可能性はあるが、種より高次の分類学的まとまり、例えば科や属、そして門といった括りは、人間が設定した括りであり、それらの括りは個体や種といったレベルでの生物学的な実体は伴っていない。例えば「種」を考えたとき、不完全であるとは言え一定の種概念の下で決まるまとまりであるため、もし人間がこの世界にいなくてもそこに種のまとまりが存在している可能性がある。しかし属や科はその括りは自然分類に従っているとは言えその範囲は完全に恣意的で、もし人間がそれらを設定しなければ科や属といった括りは自然界には存在しないのである。そしてお互いの属の間やお互いの科の間は等価な関係性はない。そのため例えばある科は非常に遠縁のものまで同じ科の中に存在するのに対して、別の科では近縁な種だけで構成されていたりする。どこまでを同じ科にするかどうかに基準はない。属や

科などの高次分類群の設定において唯一の制限は、上にも述べたがそれが自然分類となっていることだ。ここで自然分類と人為分類を説明する。生物を分類する時に、進化の歴史を反映した分類体系を自然分類と呼び、一方で進化の過程を反映していないまとまりを人為分類と呼ぶ。自然分類は系統樹上で単系統になる、つまりある共通祖先とそのすべての子孫を含むような構成となっている。これまで分類学はその限られた形態形質の情報から、自然分類を、つまり進化の過程を反映するようなまとまりを見つけて分類することを目指してきた。しかし、外部形態は分類学に使用できる形質の数は限られていたため、種のレベルから科のレベルに至る大分類群までの外部形態を用いた分類体系には多くの人為分類群が含まれていたことが、近年急速に発達したＤＮＡを形質として用いた解析から明らかになってきた。形態形質ではその分類に使用できる形質は多くても数十程度であり、百を超える分類形質を探すことは難しい。それに対してＤＮＡの塩基配列情報は簡単に千以上の遺伝子座を比較でき、さらに増やそうと思えばいくらでも遺伝子座の数を増やすことが可能である。例えばA、B、Cの３種類の生物の類縁関係を示す場合、少数の形態形質での比較では、ある形質ではAとBがより近い関係となり、別の形質ではBとCがより近い関係となるといった矛盾が起こりえるし、実際に頻繁に起こっていたのだ。ところがＤＮＡは基本的にはある遺伝子座の同じ位置に入りうる塩基はA（アデニン）、T（チミン）、G（グアニン）、C（シトシン）の４つの塩基だけであり、その相同性について多くの遺伝子座を同時に調べることにより確率論的に議論することが可能となったのである。そしてDNA情報を用いて生物の大系統のこれまでの認識は大幅に修正され、現在では多くの高次分類群（科や属など）は自然分類群になるように設定されている。

5　中学校の教科書にみられる人為分類群

　中学校の教科書の中では未だに人為分類が散見される[4]。例えば無脊椎動物がもっともよい例であろう。無脊椎動物は脊椎動物に対比して作られた括りであるが、実際にはこれらは完全に人為的なまとまりであり、自然分類ですらない。脊椎動物は約50ある動物門である脊索動物門の１亜門にすぎない[5]。私たちは脊椎動物であり、脊椎動物を詳しく説明してその他をひと括りにすることはある程度は仕方のないことなのかもしれない。しかし、無脊椎動物という人為的な括りの問題点は、まず一つ目に無脊椎動物があたかも自然分類であり、無脊椎動物同士は脊椎動物よりも近縁である

かのような誤解を招くこと、そして動物界では脊椎動物と無脊椎動物が動物界を二分しているかのような印象を与えることにある。特に中学校の教科書では無脊椎動物の扱いが小さく、脊椎動物よりもその多様性や種数が乏しいような印象すら受ける。人為分類の問題は爬虫類にもあるし、さらに植物では双子葉植物、離弁花類にもみられる。例えば双子葉植物は単系統——ある祖先とそのすべての子孫を含む——系統ではない。これは双子葉植物の中の一部から単子葉植物が進化したため、単子葉植物を含まないことにはすべての子孫を含むことにならないことによって起こる問題である。また同様に合弁花類は離弁花類の一部から進化したと考えられるグループであるため、離弁花類は人為的なまとまりとなる。無脊椎動物と脊椎動物、双子葉植物と単子葉植物、合弁花と離弁花は、その有用性から、これらの使用はやむをえないのかもしれない。ただし、それらが記載量等の印象により、誤解をうけるようなことのないように、相対的な多様性や種数の比較などが示されているべきであろう。

以上にみられるように生物の分類には種のレベルから高次分類群まで、多くの問題点が残されている。高次分類群や人為分類群についてはその解決は比較的容易であろう。しかし、種についての理解は研究者ですら未だに解決できていない問題であり、その実在は確固たるものではないことを心にとめておく必要がある。

【注】

1　宮正樹・西田周平・沖山宗雄（訳）『E. O. ワイリー　系統分類学　分岐分類の理論と実践』文一総合出版、1993年。
2　岩槻邦男・馬渡俊輔（編）『生物の種多様性「分類学のすすめ」』裳華房、1997年。
3　直海俊一郎『日本植物学会シンポジウム「種の数だけ種のあり方がある」の学問的枠組みを読み解く—凝集的種概念・'種のあり方'・'種の実際'—』Bunrui 6（1）: 25-40、2006年。
4　岡村正矩・藤嶋昭ほか『新編新しい科学1、2、3』東京書籍、2016年。
5　白山義久（編）『無脊椎動物の多様性と系統』裳華房、2000年。

第3章

宇宙は恒星と惑星だけではとらえられない

松村雅文

○ 第3章　宇宙は恒星と惑星だけではとらえられない

　小学校理科では、天体に関する学習として、太陽・月・恒星が扱われ、中学校になると、惑星が加わって最後に恒星の集団としての銀河系が扱われる。この学習内容の設定と配置は、子どもたちの発達段階を考慮し、学習時間の時間的な制約等を考慮した結果であろうが、地球を含む宇宙全体や、その歴史を認識するには、これらの個々の天体を個別に学習するだけでは、充分ではないように思われる。
　ここでは、まず天体の大きさや宇宙の広がりの認識の困難さを考察し、次に小学校・中学校では扱われない星間物質・星雲・星団・銀河系・銀河・宇宙論などに焦点をあて、宇宙を時間・空間的に考えてみたい。

1　天体の大きさと宇宙の広がり：知識と認識

　小学校では地球から天体までの距離を直接は扱わないが、中学校の理科教科書には、天体の大きさや、惑星の大きさや、太陽から惑星の距離などの表が掲載されている。知識としてはこの表を一通り理解すれば良いのだろうが、天体や宇宙をより深く、あるいはより直観的にとらえるには、天体の大きさや距離の情報をどのように扱うことが必要なのかを考えてみたい。
　太陽と地球の距離（＝1天文単位、実際の距離で1億5千万km）を仮に3cmに縮小したモデル[1]を考え、A4の白紙（21cm × 29.7cm）の上に、太陽や惑星を、正しい縮尺で描くなら、どのような絵が書けるのだろうか？　水星の公転半径は0.39天文単位、金星の公転半径は0.72天文単位、火星の公転半径は1.52天文単位である。太陽と地球の距離である。1天文単位を3cmとするから、水星・金星・地球・火星の軌道は、それぞれ1.2cm、2.2cm、3cm、4.5cmの円となり、A4の紙に問題なく書ける。ところが、木星や土星になると、公転半径はそれぞれ5.2天文単位と10天文単位なので、モデルでは15.6cmと30cmになり、A4の紙上からはみ出してしまう。当然、天王星や海王星はより遠く、軌道半径はそれぞれ19天文単位と30天文単位なので、57cmと90cmになり、A4の紙の上ではもはや描くことができなくなってしまう。つまり、このモデルは、火星より太陽に近い側の惑星の軌道を俯瞰して考えるには良いが、木星よりも遠い惑星は扱いにくい。ちなみに、もっと近い恒星であ

るケンタウルス座 α 星（距離 4.3 光年）は、このモデルでは約 1 km かなたにあることになる。そう考えると、もっと縮小したモデルが望ましいように思える。

一方、「太陽と地球の距離＝3 cm」のモデルで、太陽や惑星の大きさはどのようになるのだろうか？　太陽の直径は 140 万 km なので、約 100 分の 1 天文単位である。つまり A4 の紙の上での太陽の大きさは、0.3 mm に過ぎない。当然、地球は太陽よりもはるかに小さく、太陽の約 100 分の 1 程度であるため、0.003 mm、つまり 3 μm 程度の大きさになってしまう。太陽系内で最も大きい木星でも小さいことに変わりはなく、木星は地球の約 10 倍の大きさなので、0.03 mm 程度である。このモデルで、個々の惑星の大きさも表そうとするとかなり困難であり、もっと拡大したモデルを考えたくなる。

このように、このモデルは海王星までの惑星の軌道を比較するには縮尺が大きすぎ、惑星自身の大きさを比べようとすると、縮尺は小さすぎる。つまり、一つの縮尺で同時に惑星の大きさと軌道を表そうとすると、どうしても無理が生じる。人が直観的に物事を理解するためには、なじみ深い身近なもので置き換えて考えることが必要であるが、天体や宇宙の大きさを考える場合、この置き換え（ここでは縮尺）が時には複数回必要であることを意味する。天体の学習では、宇宙のスケールが大きすぎるため理解が困難であると言われることもあり実際そのとおりであるのだが、上記のように、複数の大きく異なるスケールを扱う必要も生じる。この結果、考察や教材の扱いが煩雑になってしまうところに困難さがあるのである。

2　四季の変化の理解：地球は小さい？　大きい？

中学校で全員学習したはずなのに、大学生でも理解が怪しい天文や宇宙の内容の一つに、四季（春夏秋冬）が生じる理由がある。中学校で、正しく地球の自転軸が公転軌道面に対して 90 度になっておらず（つまり自転軸は公転軸の方向から 23.4 度傾いている）、このため地面が受け取る太陽の放射量が季節によって異なると正しく習っているはずであるが、大学生にアンケートを行ってみると、幾つかの勘違いがあることが判る[2]。

大学生に見られる勘違いの一つに、"地球の軌道が楕円であるから" という回答がある。地球と太陽の距離は、1 年のうちに ±1.6% 程度変化しており、この推論は論理的には正しい。しかしこの程度の変化は季節を説明するほどの温度変化はもたらさ

ない。もちろん、北半球と南半球で、季節が逆になることも説明できない。直観的にこのような回答がなされるのは、太陽と地球の距離に比べると、地球の大きさは非常に小さいということも影響しているように思われる。非常に小さい物体（宇宙空間の塵など）は、物体全体の温度が均一になる時間は小さいはずであり、仮に物体上の各点で太陽光の当たり方が異なっても、それにも拘わらず温度は等しくなってしまうだろう。地球についても、そのようにイメージすると、季節が生じる理由として、別の要因を求めざるを得ず、地球と太陽の距離の変化等を考えることになるのだろう。

別の勘違いとして、"地球の自転軸が傾いていることにより、地球の南半球と北半球で、太陽までの距離に差が生じるから"という回答のパターンがある。これも論理的には正しい。仮に、地球の大きさが相当大きければ起こりうる。しかし、実際には、このような要因による距離の変化は、太陽と地球の間の距離の10000分の1程度しかないので、これによる気温の変化は、地球の軌道が楕円である効果よりもはるかに小さい。この勘違いの要因の一つは、"地球は大きい"と想像したことにあると考えられる。もちろん、人が通常、行動するスケールと比べると、地球は充分大きいが、それでも地球の軌道半径と比べると、はるかに小さく、この効果による太陽からの放射量の変化もごく小さい。

このように見てみると、天体の大きさや宇宙の広がり理解することは、地面が受け取る太陽の放射量など、関連する現象を考えることを通じて意味をもってくると考えることができそうである。単に、大きさや距離そのものや、あるいはそれをどのように導いたかの方法を知ることだけでは、その意義は半減するだろう。

3 Mitaka: 新たな教材？

Mitakaは、国立天文台4次元デジタル宇宙プロジェクトで開発されているソフトウェアである[3]。このプロジェクトは、"最新の宇宙の姿を描きだし、文字通り「目のあたり」にすることを目指して"おり、その目的の一つは、"天文学の最新の成果を、わかりやすく、楽しく、そして科学的に正しい映像表現で一般の人に伝える"こととしている[4]。このプロジェクトによる成果の一つが、4次元デジタル宇宙ビューワー "Mitaka"（ミタカ）であり、このソフトは国立天文台のウェブページから無料でダウンロードすることができる[5]。上述したように、天体の大きさや距離、宇宙の広がりなどは、色々スケールに富み、教科書や参考書の紙上や黒板等での説明は容易

ではないが、Mitakaを使うことで、これらの困難さを克服できる可能性がある。更に、天体に関する現象は、本質的に3次元で考えなければいけないことが多く、通常使う教科書などの2次元の媒体では扱いにくい。Mitakaでは、偏光メガネまたは液晶シャッターメガネや、対応するプロジェクターまたはスクリーン等を用いることで、天体のイメージを3Dで投映することが可能になる。Mitakaを用いると、天体学習の困難さを軽減できるのだろうか？　どのような使い方が有効なのだろうか？　この課題は日本各地で取り組まれており、今後の成果が期待される。

4　地球の大気を上がっていくと、どこから宇宙？

　次に、視点を地球に戻し、地球と宇宙の境目はどこにあるかを考えてみよう。宇宙と言うと、人工衛星を思い浮かべるかもしれない。人工衛星が飛んでいる高度は、地上から考えるとずいぶん高いので、ここは宇宙と呼んでも良さそうに思える。実際に、宇宙航空学では、高度100km以上を宇宙空間と定義している[6]。この高度100kmの境界（カーマン・ラインと呼ばれる）は、航空機や人工衛星の航行を考えての定義である。高度100km以下では空気抵抗が大きく、人工衛星はすぐに地上に落下してしまう。一方、通常の航空機は、高度100kmまで飛んでは行けない。もちろん、高度100kmで急に空気がなくなってしまうことはなく、高度が上がるとともに徐々に密度は下がっていく。一方、存在していてもその存在に気が付かなかったり、気にならなかったりする場合を、"空気のような存在"と言う場合がある。つまり私たち人間にとって、地上の空気でも、とても密度が低いように思える。地球の空気の密度を、宇宙の星雲などと比べると、どのようなことが言えるのだろうか？

　表1では、地球上の幾つかの高度での温度や密度、および圧力と、宇宙の色々な場所でのこれらの量を比べてみた。この表で示している密度や温度の状況では、気体は、理想気体と考えてよい。このため圧力pは、気体の数密度nと絶対温度Tから、

$$p = nkT$$

という状態方程式[7]で求めることができる（ここで、kはボルツマン定数）。つまり、圧力は数密度nと絶対温度Tに比例するので、第4コラムはnとTの積をそのまま書いた。

　表1の上の部分は、地球表面（高度ゼロ）から高度1000kmまでの密度・温度・圧力を示す。ここから、高度1000kmの密度は、地上付近の密度の100万分の1（10^{-6}）

になり、とても小さいことがわかる。これだけ小さいと、人工衛星が受ける空気摩擦も小さくなりそうで、比較的長期に渡って軌道を回っていられそうである。また、高度が高いほど、圧力は小さい。このことは、当たり前のように思えるが、圧力の差があるのならば、圧力が高い下層から、低い上層に向かって空気が噴出しそうである。こうならないのは重力（万有引力）[8]が働き、空気を下に押さえつけ釣り合っているからである[9]。

表1　地球と宇宙の密度・温度・圧力の比較*

領域	密度 [cm^{-3}]	温度 [K]	圧力 [K/cm^3]	圧力 [気圧]
（地球上）				
高度　0km	2.5×10^{19}	288	7.2×10^{21}	1.0
〃　10km	8.6×10^{18}	223	1.9×10^{21}	0.26
〃　100km	1.2×10^{13}	195	2.3×10^{15}	3.2×10^{-7}
〃　1000km	7.4×10^{4}	1000	7.4×10^{7}	1.0×10^{-14}
（地球軌道あたり）				
太陽風	2〜10	10^5	$(2 \sim 10) \times 10^5$	$(3 \sim 15) \times 10^{-17}$
（星間空間）				
暗黒星雲	$100 \sim 10^6$	10 − 50	$10^3 \sim 10^7$	$10^{-18} \sim 10^{-14}$
冷たい HI 雲	30	100	3×10^3	10^{-19}
暖かい HI 雲	0.6	5000	3×10^3	10^{-19}
輝線星雲	$0.3 \sim 1$	10^4	$(3 - 10) \times 10^3$	$10^{-19} \sim 10^{-18}$
惑星状星雲	$10^3 \sim 10^4$	10^4 以上	$10^7 - 10^8$ 以上	$10^{-15} \sim 10^{-16}$ 以上
銀河コロナ	0.004	$10^5 \sim 10^6$	$4 \times (10^2 \sim 10^3)$	$10^{-20} \sim 10^{-19}$
超新星残骸	$0.01 \sim 100$	10^6 以上	$10^4 \sim 10^8$ 以上	$10^{-18} \sim 10^{-14}$ 以上

＊密度と圧力の値は、"US Standard Atmosphere 1976"、Draine（2011）"Physics of the interstellar and intergalactic medium"、理科年表、地学図表などを参考にした。密度は、粒子（原子または分子）が単位体積の中に何個あるかを示す数密度である。圧力のうち、第4コラム（単位 [K/cm^3]）は、第2コラムと第3コラムの積である。第5コラム（単位 [気圧]）で示す圧力は、適宜、四捨五入をしている。

5　星間空間の温度・密度・圧力

　表1の下の部分は、地球の公転軌道附近（太陽風）や、星間空間[10]などの温度等の値を示している。色々な温度や密度の領域があることが判り、単純ではないが、特に密度については、地球の大気よりも桁違いに小さいことが判る。星間空間に比べると、地上100kmでもかなりのガスが存在するのである。また圧力も地上よりもはるかに小さい。しかしよく見ると、星間空間の圧力は、地上の10^{-18}から10^{-19}倍程度の場合が多いこともわかる。このことは、星間空間では、近似的には圧力が一定（圧力平衡）であることを示す。色々な密度や温度の領域が、"圧力はほぼ一定"と言う条件で共存しているのである。しかし、圧力が何桁も違う場合があり、星間空間の動的な側面を持つことをも意味する[11]。

　なお、表1には示していないが、地球の大気の成分と、星間空間のガスの成分はずいぶん違うことを記しておきたい。地球の大気の成分の約8割は窒素であり、約2割は酸素であって、いずれも分子である。一方、星間空間では、質量の7割以上が水素であり、2割強がヘリウム、より重い元素は数パーセント程度である。星間空間の水素は、原子で存在していたり、電離していたり、分子であったりと、紫外線強度や、温度や密度の環境によって、その存在形態は変わる。

　星間空間のガスに働く力として、圧力が重要であることを上に記したが、地球の場合、重力の影響も大きかった。星間空間ではどうだろうか？　実際、星間空間でも重力は重要と考えられており、力として重力が主に働く状況になると、ガスは収縮し、恒星や惑星を形成する。図1に示すように、可視光では、空のある部分に恒星がほとんど見られない領域がある。これはガス自身の重力のために、ガスや塵の密度が高くなった領域である。塵の密度が高くなると、遠方の恒星の光は見えなくなるので、このように観測され、暗黒星雲（または暗黒雲）と呼ばれる。なお密度が高いと言っても、表1から判るように、地球の大気に比べると密度はかなり小さいことに注意されたい。暗黒星雲として星の数が少ない領域は、分子が電波で観測される領域とほぼ一致するので、同じ天体でも分子雲と呼ばれる場合もある。暗黒星雲では、今後、星形成が起こるかもしれないし、すでに形成されているかもしれないのである。

○ 第3章　宇宙は恒星と惑星だけではとらえられない

図1　へびつかい座の暗黒星雲 LDN1774 の可視光の写真。この領域で星形成が起こる可能性があると考えられている。

Credit:ESO
https://www.eso.org/public/images/potw1518a/

6　塵からの熱放射　及び　星間雲に働く力

　図2は、プランク衛星による銀河系内の塵によるサブミリ波の熱放射のマップである。プランク衛星は宇宙背景放射を精密に調べるための観測衛星であるが、感度が良いため、データから、銀河系内の塵からの熱放射も分離して研究されている。塵は、可視光を遮るため、図1のように、遠方の星の可視光は見えなくなってしまう。この遮られた光のエネルギーはどうなるかというと、一部は散乱されるが、かなりの部分は塵自身に吸収される。この結果、塵は温められ、最終的には塵からの熱放射として宇宙空間に再放射される。この再放射は主に遠赤外線からサブミリ波や遠赤外線の波長域になるので、この波長域で宇宙を見ると、塵が光っている様子が判るのである。図2を見ると、塵による熱放射は銀河面（天の川）あたりが非常に強く、この方向に塵は集中していることが判る。

さて、図1や図2をよく見ると、銀河面から離れた領域に細長い筋が伸びていることがわかるが、これは何を意味するのだろうか？　実は、星間空間のガスや塵は、細長く伸びた構造を持っている場合が多い。重力が働くだけなら、ある密度の高い領域にガスが集まってきそうなので、あまり細長くはならないはずである。このことは何か別の力が働いていることを示唆する。偏光・偏波観測など、他の観測と比較することにより、細長いこと（フィラメント）は、磁場に関連していることが判る。実際、ゼーマン効果の観測などから、星間空間には10^{-6}ガウス程度の磁場が存在することが示されている。地球上での地磁気は、0.1ガウス程度の大きさなので、地磁気に比べると星間磁場は非常に小さい。しかし、ガスや塵の粒子が電荷を持っていると、それらの運動はローレンツ力を介して磁場の影響を受け、結果的に細長い構造ができると考えられる。磁場があると、電荷をもった粒子は、磁場と垂直方向に進むことは出来なくなるのである。このことは、結果的に、磁場は、重力による収縮を制約する働きを持つことを意味する。更に乱流も重力による収縮を妨げる働きをする[12]。つまり、ガスや塵が集まっても、星形成に至るまでの道のりは単純では無いのである。

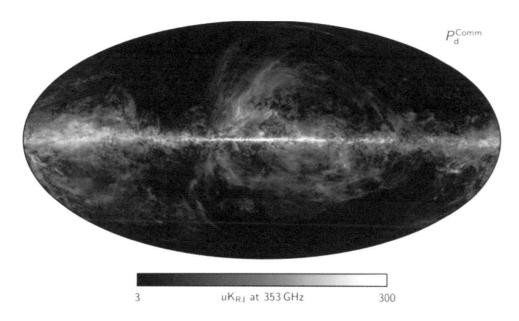

図2　プランク衛星による銀河系内の塵による熱放射。この図は、世界地図のように全天を細長く書いている。図の中央は、銀河系中心の方向であり、中央を含む水平方向が銀河面（天の川）である。塵からの熱放射が強い部分（白く細長い領域）が、銀河面に沿っており、塵は銀河面に多く存在することが示されている。また塵の熱放射は、銀河面から離れた方向にも広がっている。これは、銀河面から離れたところにも、密度は低いが、塵は細長い筋状に存在していることを示す。

Credit:ESA and the Planck Collaboration
https://www.cosmos.esa.int/web/planck/picture-gallery　より

○ 第3章　宇宙は恒星と惑星だけではとらえられない

　星間空間は地球上の環境と比べると、密度が小さく、圧力も小さい。私たち人間にとっては馴染みがない環境と言える。一方、宇宙に広がる星間空間と比べ、地球の大きさははるかに小さい。このように見ると、地球の環境のほうが、宇宙の環境と比べると、むしろ特殊であると言えそうである。地球や人間は、特殊であり稀な存在なのかどうか、この章の最後には、別の視点から考えてみたい。

7　星団と銀河系・銀河

　望遠鏡を用いて空を観察すると、恒星が集まっているように見えるところがあり、このような天体を、星団と呼ぶ。最も有名な星団は、おうし座にある、すばる（プレアデス星団）であろう。すばるは、肉眼でその存在が判り、視力の良い人は7つ以上の星が見えるそうである。すばるのような天体は、散開星団と呼ばれており、比較的

図3　球状星団の一つの、ケンタウルス座 ω（オメガ）星団。銀河系の中で、最大の球状星団である。

Credit:ESO/INAF-VST/OmegaCAM. Acknowledgement: A. Grado, L. Limatola/
INAF-Capodimonte Observatory
https://www.eso.org/public/images/eso1119b/　より

星と星の間隔が広く、星の数も比較的少ない（と言っても数十から数百程度）という特徴を持つ。星団には、散開星団以外に、球状星団と呼ばれる天体がある（図3）。球状星団は、文字通り、望遠鏡で見ると丸く星が密集しているように見え、星の数は、数万から数十万もある。

　見かけや星の数のみならず、散開星団と球状星団は、色々な点で異なる。まず、年齢が大きく違う。散開星団の年齢は、数千万年から10億年くらいであって、宇宙の中では比較的若いのに対し、球状星団は100億年以上の年齢を持ち、銀河系が出来た時から存在していたと考えられている[13]。また、散開星団を構成する恒星大気の重元素量（水素とヘリウムより重い元素の量）と、球状星団のそれを比べると、前者は多く、後者は非常に少ない。重元素は、宇宙の誕生以降、恒星内部の熱核融合などによって、徐々に増えてきた。そのため、球状星団の重元素が少ないことは、より過去に、球状星団は形成されたことを意味しているのである。

　更に、散開星団と球状星団の空間分布も異なる。散開星団は、銀河面附近に多く存在するのに対し、球状星団は銀河面から離れた領域にも分布する（図4）。このため、散開星団は銀河面に多く存在する塵による光の減光の影響を受けやすく、今でも銀河系全体の散開星団の数は明確には判っていない。これに対して、球状星団の多くは、塵の影響を受けないため、銀河系のほぼすべての球状星団は判っており、その総数は約150である[14]。散開星団がほぼ銀河面にあることは、散開星団は銀河系の円盤で形成されていること、また球状星団は銀河面から離れた領域にも多く存在し、かつその形成が100億年以上前の過去であることは、銀河系を形成したガスが収縮している途中に球状星団は形成されことを意味していると考えられている。

　星の数が多く、銀河面から離れた領域にも分布している球状星団に注目して、銀河系の構造を調べたのは、シャプレーであった。シャプレーは、球状星団の天球上での分布を調べ、銀河面に対しては対称に分布しているが、いて座の方向とその反対方向では、分布が非対称であることに気が付いた（図4）。このことから、太陽系は銀河系の中心に位置していないことや、銀河系の直径は30万光年であること等を主張した。一方、カーチスは、通常の恒星の分布の様子等から、太陽は銀河系の中心に位置しており、銀河系の直径は3万光年であると主張した。1920年代には、両者の間で激しい論争が行われたが、決着はつかなった。両者の主張の違いは色々な要因によるが、最も影響したのが、当時は銀河面での塵による光の減光が知られていなかったからであった。塵の影響が量的に明らかにされたのは、1930年のトランプラーの研究[15]による。トランプラーは、散開星団の見かけの等級を基にして導いた距離と、星団のみかけの直径から推定した距離を比べ、前者が系統的に大きな値になることを示し

た。見かけの等級は塵の影響で大きく(暗く)なるため、見かけの等級から導いた距離は大きく出る傾向になるからのである。トランプラーは、このようにして、暗黒星雲が見えないような領域でも、銀河面に沿った方向については、塵によって、星の光は、3000光年で約1等級の減光することを示した。この減光は、主に、表1の「冷たいHI雲」および「暖かいHI雲」にある塵粒子による減光である。結局のところ、これらの塵の効果等も考慮に入れると、現在では、銀河系の直径は約10万光年であり、太陽は銀河系の中心にはなく、中心から約2万8千光年離れたところに位置していると考えられている。

このシャプレーとカーチスの大論争が行われたころ、銀河系や銀河についてのもう一つの大きな発見があった。ハッブルによって、アンドロメダ銀河の中に変光星(セファイド)が発見され、この銀河までの距離の測定されたのである。当時は、まだ銀河系の外に、銀河系と同じような天体があるのかどうか、わかっていなかった。銀河系のみが、宇宙のなかの星の集団という考え方もあった。しかし、ハッブルにより、アンドロメダ座に見える星雲は、約100万光年(今の測定では約250万光年)にあり、私たちがいる銀河系と同じような天体であることが明らかにされた[16]。

このように、20世紀の初めに、現在の宇宙観の基となった銀河系や銀河の概念が確立されていった。この過程においては、恒星と距離の関係や、塵の影響、恒星と星団の関係、天体の空間分布等について、新しい観測等を織り込みながら、地道に、論理的な考察がなされていったのである。

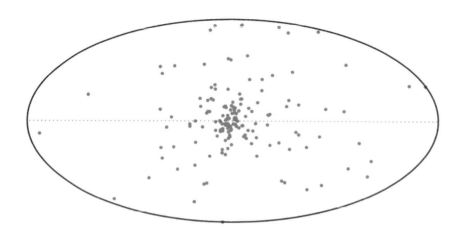

図4　球状星団の全天の分布。図の中央が銀河系中心であり、点線は銀河面(天の川)を表す。それぞれの点が、球状星団の位置を示す。

データ:Harris, W. E. 1996, Astronomical Journal 112, 1487

8　宇宙の膨張は、ハッブルだけが発見したのではない

　宇宙全体をどのように理解したらよいのかは昔から様々に考えられてきており、このテーマは宇宙論と呼ばれている。現在、受け入れられている宇宙論は、今から約138億年前に始まり、今でも膨張を続けているとされるビッグバン宇宙論である。

　宇宙全体を認識することは難しい。そのため過去の宇宙論の研究は、個々の天体の研究と比べると、理論的（場合によっては観念的）な考察のみがなされ、観測的な根拠は希薄であった。しかし、20世紀になると、大望遠鏡が稼働し微弱な遠方の銀河の観測が可能になった。また、今では人工衛星からの観測で、大気の影響を受けないより良質なデータが得られるようになった[17]。これらのデータに基づき、宇宙全体についても、他の研究と同様にデータに基づいた詳細な研究が展開されている。

　遠い銀河はより速い速度で遠ざかっている、という観測事実は、宇宙全体が膨張していることの根拠となっている。望遠鏡を使って、ある銀河の光を分光器に導くと、その銀河のスペクトルを取ることができる。銀河のスペクトルの中には、吸収線（場合によっては輝線）が見られ、その波長を測定すると、ドップラー効果を用いることで、その銀河が我々に近づいているのか遠ざかっているのか、その速度vの値を知ることができる。実際、遠方の銀河は遠ざかるように観測される。また、地球（または銀河系）からその銀河までの距離dも、色々な方法で推定することが可能である。但し、距離を正確に求めるのは、後退速度に比べると簡単でない[18]。多数の銀河について、速度vと距離dについて調べると、vとdとには正の相関がみられ、

　　$v = H \times d$

と書くことができる（図5）。但し、Hはハッブル定数と呼ばれる定数である。つまり、遠い銀河ほど、より速い速度で遠ざかっているのである。もし、銀河の速度vが変わらなかったと仮定する[19]と、どのようなことになるのだろうか。現在、距離dの銀河が、速度vで遠ざかっているから、逆に、過去にはその銀河は我々の近くに位置していたはずである。それが今からt年前だとしよう。時間は、距離÷後退速度だから、

　　$t = d/v = 1/H$

と書くことができる。このことは、ある特定の銀河のみならず、ほとんどすべての銀河について言うことができる。つまり、t年前には、ほとんどすべての銀河は、我々

○ 第3章　宇宙は恒星と惑星だけではとらえられない

の近くにいたはずであり、密度が高く、温度も高かったことを意味する。つまり、t 年前、宇宙全体は、高温高圧の状態からスタートしたと考えることができる（ビッグバン宇宙論）。また、ハッブル定数Hから、宇宙が何年前にスタートしたのかが判り、宇宙年齢 t は 100 億ないし 200 億年と見積もられてきた[20]。ビッグバン宇宙論を支える観測は、他にもあるが、この「遠い銀河はより速い速度で後退する」ことは、一つの重要な観測事実である。

　ところで、この遠方の銀河は後退しているという観測事実は、今まで"ハッブルの法則"と呼ばれてきたおり、高校地学の教科書にも掲載されてきた。しかし、最近、その名称を"ハッブル・ルメートルの法則"と呼ぶことを奨励する、という提案がなされた。これは、2018 年 8 月、ウィーンで開催された国際天文学連合（International Astronomical Union, IAU）第 30 回通常総会（General Assembly）で決議[21] として提案されたものである。この法則は、従来、ハッブルが発見[22,23]したとされ（論文発表は 1929 年及び 1931 年）、その名がついている。ところが、ハッブルよりも早く発見した人物がいた。ベルギー人の天文学者、ルメートルである。ルメートルは、理論的な見地から、ハッブルが発見したことと同じ内容を、1927 年に発表した[24]。しかしながら、ルメートルが発表した論文はフランス語であり、掲載された学術誌も広く読まれたものではなかったらしい（ちなみにハッブルの論文は英語だった）。このためルメートルの業績はあまり知られず。結果的に、彼はこの法則の発見者としては知られなかった。これらの状況が明らかになった今、宇宙膨張を表すこの法則を、"ハッ

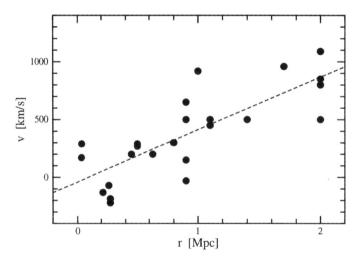

図 5. Hubble (1929) による銀河の距離（横軸）と後退速度（縦軸）の関係。
(Proceedings of the National Academy of Sciences of the United States of America, Volume 15, Issue 3, pp. 168-173 の Table 1 から筆者による再現)

ブル・ルメートルの法則"と呼ぶことが提案された[25]。この決議には、賛否両論あり、これを認めると他にも名前を変えなければいけない法則があるのではないか、そもそも決議すべき問題なのか等、様々な意見が出た。総会では、この決議も含め合計5つの決議案が提案され、すべて多数決で可決された。しかし、この決議については、特に重い意味を持つので特別扱いされることになり、総会での投票に加え、2018年秋に国際天文学連合の会員による電子投票が行われ、最終的に提案されたように決定された。

9 宇宙が無限に広いならば、人は宇宙に何をみるのか？

　銀河は、銀河系をはるかに超えるスケールで、ずっと広がっているなら、宇宙は無限に広いような気がするが、素朴にそのように考えてよいのだろうか？
　「オルバースのパラドックス」と呼ばれる話がある[26]。パラドックスとは、妥当に思える前提と推論から、実際にはあり得ない結論が得られることをいう。前提または推論のどこかに、誤りが含まれているはずである。オルバース（1758～1840）は、もし宇宙が無限に広ならば、恒星の数は無限に多いはずであり、そうならば、夜でも、空は無数の星によって明るいのではないかと考えた（1823年）。しかし、実際の夜空は暗い。どこかに間違いが潜んでいるはずである。
　「オルバースのパラドックス」の説明は二通りある。その一つは、宇宙空間を、地球を中心とした多数の球殻に分けて考えてみるものである。この球殻の厚さは一定であるなら、それぞれの球殻の体積は、ほぼ、その球殻の表面積と厚さの積に比例する。また、球殻の表面積は距離の2乗に比例するので、その球殻の体積も距離の2乗に比例する。そのため、恒星の空間密度は一定と仮定すると、距離が大きくなると、球殻に含まれる星の数は、距離の2乗に比例して大きくなっていく。一方、恒星のような点光源からの光は、距離の2乗分の1に比例して減少する。球殻全体から地球にやってくる光の総量は、1つの星からの光量と星の数との積になるが、2乗と2乗分の1が打ち消し合い、距離には依存しなくなる。つまり、宇宙空間を同じ厚さの多数の球殻で分割して考えているのだが、どの球殻からの光の総量は距離によらず同じである。宇宙が無限に広く、そのような球殻が無限個あるのなら、光の量は足しあわされて無限大に大きくなってしまう。つまり、夜空は、無限に（つまり昼間よりも）明るい。

○ 第3章　宇宙は恒星と惑星だけではとらえられない

　「オルバースのパラドックス」のもう一つの説明は、恒星の大きさを含めて考える方法である。晴れていれば、昼の空に、太陽がある大きさで見えている。もしも、太陽の距離が実際よりも遠いなら、見かけの大きさは小さくなるはずであるが、それでもある程度の大きさには見えるだろう。同じことは、太陽と同じように光っている恒星にも言えるだろう。恒星の距離ははるかに遠いので、見かけの大きさは、はるかに小さい。しかし、宇宙が無限に広いなら、星の数も無限に多いはずで、そうならば、空は星によって覆い尽くされるだろう。星の表面温度が、太陽とあまり違わないとすると（実際には違うが）、空全体は、太陽と同じように光るであろう。この説明では、恒星の大きさが考えに入っているので、光量が無限大にはならないが、それにしても、地球が受け取るはずの光は、実際よりもはるかに大きくなってしまう。つまり実際とは違ってしまう。

　これについて、宇宙膨張（ハッブル・ルメートルの法則）が発見される前は、宇宙の塵による光の吸収を考えると説明できるとされた。つまり、地上でも空が曇っていれば、雲が天体からの光を遮って見ることが出来ないが、宇宙の塵によって無数の星の光は遮られているのではないか？　実際、宇宙の塵は星の光を隠しており、光エネルギーは塵の温度に対応した放射をしている。赤外線観測衛星によって得られた画像（図2）などを見ると、そうした塵からの放射の様子が判る。もし無限に宇宙が広がっていて、どちらを見ても無数の星があるのならば、塵からの放射も、空の至る所で同じように見られても良さそうである。しかし実際の赤外線放射の画像を見ると、天の川の方向が特に強いことが判る（図2）。つまり、銀河系の星の光は、かなりの部分、塵によって隠されていると考えてよいのだが、宇宙全体についてはそうではない。つまり、この考えでオルバースのパラドックスを説明することは難しい。

　では、オルバースのパラドックスは、どうすれば解決できるのだろうか？　再度、オルバースのパラドックスの内容を見てみよう。このパラドックスでは、"恒星の数は無限に多いはず"であることが前提になっており、暗黙のうちに、これらの恒星の光は、全て観測できることが仮定されている。この暗黙の仮定には問題はないのだろうか。ここで思い出す必要があることは、私たちが住む宇宙は、138億年前のビッグバンから始まったということである。このことは、138億年より前には、恒星は存在しなかったと考えてよいだろう。そうすると、私たちが見ることが出来る宇宙は、時間的な制約があり、138億年まえから現在までの宇宙である。宇宙スケールを考える場合、光の速度は有限であることも充分、考慮に入れる必要がある。単純に考えると、138億光年の距離にある天体の光は、138億年かかって地球に到達しているはずなので、我々が見ることが出来る天体の光は、ビッグバン以降の天体の光である。

つまり、私たちが見ることが出来る天体は、時間的にも空間的にも制約があるのである。実際には、宇宙空間が膨張しており、その膨張の様子が過去と現在では違うことも考慮に入れる必要があるが、本質的な説明は変わらない。宇宙全体は、無限に広いかもしれないが、私たちが観測しうる宇宙の範囲[27]、つまり見ることができる星の数は限られている。このことを考えると、オルバースのパラドックスは解決することができる。

　現在、地球から見ることができる宇宙は、宇宙全体からすると限られた部分であるため、オルバースのパラドックスは解決できるが、では、宇宙全体は無限であると言ってよいのだろうか？　これを考えるために、宇宙全体を記述するパラメータの一つである"空間の曲率"を紹介しよう。普通、宇宙空間は、曲がっておらず真っすぐなもの（曲率ゼロ）と直感的に想像する。しかし、質量の大きな天体（ブラックホールや太陽の近くなど）では、重力によって空間が曲げられ、光は直進することができない。この場合の空間の曲率は正になる[28]。ブラックホール等の近くのみならず、宇宙全体の空間の曲率を考えることもできる。この場合、曲率が正なら閉じた空間となり宇宙の体積は有限、またゼロ[29]または負の場合は、開いた空間となり宇宙の体積は無限大であると考えられる[30]。最近のプランク衛星の観測[31]によると、観測された曲率は、誤差の範囲内でゼロだという。このことは、宇宙は平坦であり、無限であることを示唆している。

　宇宙が無限大だとすると、直感的なイメージとも合うので問題ないような気がするが、よく考えてみると、少々、深刻な火種を抱えていることがわかる[32]。宇宙が無限あることは、恒星や惑星が無限に存在していることを意味し（もちろん、すべてが観測可能とは限らない）、このことは、宇宙にはあらゆる可能性が含まれていることを意味する。何かの世界を想像してみよう。その想像の世界が宇宙にあるのかどうか、探せる範囲を探してみて無かったとしても、宇宙が無限ならば、探す場所は無限にあるのだから、その存在を否定することはできない。存在の否定が不可能ならば、それは存在していると考えるのが合理的であろう。そうならば、無限の宇宙の中に、地球と全く同じ天体があり、その天体に地球と同じ生物がいて、更に自分自身と同じ存在（つまり第2や第3の自分）があることになってしまうだろう。自分自身の存在は、宇宙の中で唯一無二のように思えるのだが、その直感に反してしまう[33]。地球自身についても、多種の生物が繁栄する宇宙のなかでも珍しい存在であるが、その唯一性が問われることになってしまう。宇宙が無限であるならば、そのような根源的な疑問が生じることになる。宇宙の中に地球のような惑星は沢山あるのだろうか？　太陽のような恒星は、宇宙に多数あるのだから、"地球と同じような"惑星が沢山あっても

○ 第3章　宇宙は恒星と惑星だけではとらえられない

不思議ではない。そして論理的に、全く地球と同じ世界も存在しているのだろうか？
まだそれについての解答は得られていない。

【注】

1　太陽と地球の距離1.5億km＝1.5×10^8km＝$1.5 \times 10^8 \times 10^3 \times 10^2$cm＝$1.5 \times 10^{13}$cmを3cmに縮小するのだから、$1.5 \times 10^{13} \div 3 = 5 \times 10^{12}$、つまり「5兆分の1の縮尺」になる。

2　ここに記した勘違いは、日本の大学生のみならず、アメリカの大学生でも共通してみられる。ニール・カミンズ『宇宙100の大誤解』（加藤賢一・吉本敬子訳、講談社ブルーバックス、2005年）を参照。

3　国立天文台4次元デジタル宇宙プロジェクト http://4d2u.nao.ac.jp/

4　http://4d2u.nao.ac.jp/t/var/about/

5　http://4d2u.nao.ac.jp/t/var/download/

6　https://www.fai.org/page/icare-boundary

7　理想気体の状態方程式は、状況によって色々な表し方がある。ここでは、単位体積あたりの気体で考えている。別の表し方や相互の関係等については、例えば、https://ja.wikipedia.org/wiki/ 理想気体　を参照されたい。

8　ここでは、重力と万有引力を区別していない。文脈によっては（あるいは分野によっては）重力と万有引力を別のものとして扱う場合もあるので、注意が必要である。

9　専門的に（つまり判りにくく）書くと、「圧力勾配が、空気の層に働く重力と釣り合っている」と書ける。

10　表1を見ると、星間空間といっても色々な環境があることが判る。1960年代頃は、星間空間でのガスの存在は、HI雲（中性水素が存在する領域）とHII領域（電離水素が存在する領域）が知られているのみであった。しかし、その後、ミリ波・サブミリ波の観測によって、分子を含む雲（分子雲）の存在が判り、紫外線やX線などの観測で、銀河コロナと呼ばれる低密度で高温のガスの存在が判るようになった。惑星状星雲や超新星残骸は、星が死んだ後に放出されたガスである。惑星状星雲は、望遠鏡で見ると惑星のように見えるというので、その名前があるが、実際の惑星とは無関係である。

11　特に、惑星状星雲と超新星残骸における圧力は、他の領域よりも高いことは注目に値する。これらの天体は、死んだ星からのガスの流出によって、ガスが星間空間に戻りつつある状況を見ていると考えられている。

12　乱流は、分子雲などからの電波輝線の線幅が、ガスの温度から推定される幅（熱運動の速度のドップラー効果による）よりも大きいことから判る。

13　星団の年齢は、HR図（ヘルツシュプルング・ラッセル図）を作成し、主系列星から巨星へと向かう場所（転向点）を求めることで知ることができる。

14　Harris, W. E. 1996, Astronomical Journal 112, 1487

15　Trumpler, R. J., 1930, Publications of the Astronomical Society of the Pacific, 42, 214

16　このあたりの状況については、例えば、ベレンゼン、R. ほか、高瀬文志郎・岡村定矩訳『銀河の発見』（1980、地人書館）に詳しい。

17　例えば宇宙背景放射の温度は、2.72548 ± 0.00057Kと見積もられている（Fixsen, D. J., 2009, Astrophysical Journal 707, 916）。また、この温度には有意な揺らぎがあり、典型的には±0.00001K程度である（Planck Collaboration, 2018, arXiv:1807.06205）。これは、宇宙初期には物質分布が非常に一様であったが、微小な揺らぎもあったことを意味する。揺らぎなかの比較的高密度な部分は、後に、より密度が高くなって銀河団や銀河の形成と関連することになる。

18　距離は、例えば、本来の明るさが判っている天体を使って、その天体の見かけの明るさ（等級）がどの程度に見えるかを測定して求めることができる。

19　宇宙年齢の時間スケールで見ると、宇宙膨張の速度は一定ではなく、ビッグバン直後に急激

に膨張し（インフレーション）、その後減速され、今また再度、加速されているらしい（ダークエネルギーによる加速）。

20 現在、衛星からの宇宙背景放射の精密な観測結果も含めて検討され、宇宙年齢は138億年と見積もられている。

21 Transactions IAU, Volume XXXB, Proc. XXX IAU General Assembly, August 2018, THIRTHIETH GENERAL ASSEMBLY RESOLUTIONS PRESENTED TO THE XXXth GENERAL ASSEMBLY RESOLUTION B4, on a suggested renaming of the Hubble Law http://www.iau.org/static/archives/announcements/pdf/ann18029e.pdf

22 Hubble, E., Proceedings of the National Academy of Science, USA, 15, 168 (1929)

23 Hubble, E. & Humason, M.L., "The velocity-distance relation among extra-galactic nebulae", Astrophysical Journal, Vol 74, pages 43-80 (1931)

24 Lemaître, G., Annales de la Société Scientifique de Bruxelles, A47, p. 49-59 (1927)

25 なお、名称変更が提案されたのは、法則の名前だけであり、他の関連する名称（ハッブル定数など）の改名は提案されていない。必要以上の混乱は避けようということでのようである。

26 このパラドックスはオルバースの名前で呼ばれているが、オルバース以前にもこのパラドックスは指摘されていたようだ。https://en.wikipedia.org/wiki/Olbers%27_paradox を参照。場合によっては、"ハッブル・ルメートルの法則"のように、改名が必要なのかもしれない。

27 観測しうる限界を、"事象の地平線"（または"宇宙の地平線"）と呼ぶ。宇宙膨張と光の軌跡の様子は、例えば、"宇宙図2018"（http://stw.mext.go.jp/series.html）で見ることができる。

28 一般相対性理論による。

29 曲率がゼロの場合、その空間ではユークリッド幾何学が成り立つ。

30 数学的には別の解もあり得て、「曲率がゼロなら必ず開いた宇宙」というような単純な対応になるとは限らないと考えられている。例えば、https://en.wikipedia.org/wiki/Shape_of_the_universe を参照いただきたい。

31 Planck Collaboration, 2018, arXiv:1807.06205 及び 1807.06209 による。

32 この話は、Shu, F. H. "The Physical Universe: an Introduction to Astronomy" (1981), p.12 の記述を基にしている。

33 逆に、観測不可能な場所に自分と同じ存在があったとしても、その存在は確認できないのだから、それは論理的に存在しないのと同じである、という主張も成り立つだろう。

第4章

ペットボトルの中の温暖化が難しい

寺尾　徹

第4章 ペットボトルの中の温暖化が難しい

　産業革命以降、人為起源の二酸化炭素などの温室効果ガスの濃度が大気中に増加しつづけている[1]。温室効果ガスの増加は顕著なもので、例えば産業革命以前には約 280 ppm（体積比）であった二酸化炭素濃度は、現在では 400ppm を超えた。温室効果ガスは、赤外線を吸収・射出することができる性質を持つ大気成分で、この性質により地表温度だけでなく対流圏の気温を上昇させる温室効果を持っている。このような温室効果ガスが増加しているため、1850 年以降全球平均した地表温度は約 0.85℃上昇し、地球温暖化が顕在化していること、この温暖化は人為的なものであること、1750 年以降に起こった人為起源の温室効果ガスの増加、中でも二酸化炭素の増加が地球温暖化に主要な役割を果たしていることがわかっている。

　温室効果ガスの増加の原因は人為的なものである。一つは化石燃料の燃焼によるもの、もう一つは土地利用の変化（森林破壊）によるもので、いずれも人間の文明のあり方がかかわっている。このまま温室効果ガスの排出を続けると、二酸化炭素濃度は遠からず産業革命期以前の二倍を超え、人間社会の対応によれば、今世紀末には産業革命期以前の数倍に達する可能性もある。

　地球温暖化は、極域や山岳の氷河の融解や海水の膨張を通じて海面上昇をもたらすことが予想される。また、気候パターンが変わることによる穀倉地帯での干ばつの頻発や、水資源の変化、これまでその土地になかった伝染病など疾病パターンの変化、変動について行けない生物種の絶滅など、甚大な影響が予想される。最近頻繁に話題になっているように、温暖化は大気中の水蒸気の増加をもたらし、極端に強い降水の頻度の増加や、極端に強い台風の発生など、災害の増加につながる危険もともなう[2]。21 世紀の人類にとっての最も大きな問題の一つとして、日本と世界の人々の理解を進める必要がある。

　しかし、地球温暖化は、目に見えない大気成分と赤外線が重要な役割を果たす現象であり、多くの人にとって理解しにくい問題であることも事実であろう。目に見えない地球大気は、地表面や大気自身による日射の吸収によって与えられた熱エネルギーを、これも目に見えない赤外線という光を放射することによって宇宙に返している[3]。これら目に見えない一連の現象によって地球の気候バランスが決定されるので、そこにはいろいろな誤解や考え違いが生じる。

　この論考では、目に見えない地球温暖化をどのようにイメージするかに関するヒントを探ることを目指す。その際、以前より、地球温暖化を手軽にわかりやすく実感できる実験として、しばしば提案されてきた、ペットボトル等による温暖化実験[4]を取り上げる。この実験がどの程度、地球温暖化の本質的なメカニズムである温室効果期待による温室効果を表現しているのか、検討してみたいと思う。

1 温室効果実験の問題点

　地球温暖化のメカニズムを実際に手元で見えるようにしたい、という目的で、多くの地球温暖化実験がデザインされ実行されている。その際、二酸化炭素が赤外線を吸収しやすい性質を持っていることを、フラスコやペットボトルに二酸化炭素を詰めて、赤外線が出るような装置を用いて光を当てて温度変化を詳細に計測する方法を採る場合が多いようである。

　例えば、次のようなペットボトル実験を考えてみよう。二つの同じ種類の0.5リットルのペットボトルを用意し、片方のペットボトルに周囲の空気を詰めてふたをし、もう一方のペットボトルには、二酸化炭素を入れてふたをする。両者のペットボトルにはあらかじめ温度計をさし込んでおく。赤外領域の波長の光を放出するようなランプを置き、そこからほぼ等距離になるようにこれら二つのペットボトルを配置する。ランプを点灯させ、それ以降、温度計が示すペットボトル内の温度を等時間間隔で読み取って記録していく。温度上昇が落ち着いたら消灯し、今度はペットボトルが冷えていく様子を同様に記録していく。

　点灯中は、二酸化炭素入りのペットボトルがより多くの赤外線の吸収をするため、こちらがより早く温度上昇することが予想される。逆に消灯して冷えていく際には、二酸化炭素は蓄熱する効果があるため、二酸化炭素入りのペットボトルの気温の低下が遅れるとされている。

　しかし、この実験に対しては、基本的なアイデアそのものに無理がある可能性を感じると同時に、その有効性について注意して検討するべき問題がいくつかあると私は考えている。この実験を批判する立場からの研究論文は他もあるが、十分検討されていない重要な問題点が他にも多く残されていると感じている。ここでは、これらの点について議論しつつ、問題を検討する基盤となるモデルの構築と、それに基づいた考察を行う。

　これらの問題点は、単に実験のアイデアの否定を目的として提起するものではない。もしも肯定的に解決されれば実験の厳密性を担保し、実験の有効性を明らかにする基盤ともなり得るかもしれない。

　まずは、実験に関して検討するべきと思われるいくつかの点について指摘する。

○ 第4章 ペットボトルの中の温暖化が難しい

2 検討するべき問題

- **二酸化炭素による吸収率の問題**

二酸化炭素は、ペットボトルの直径である約 7 cm の厚みで閉じ込められている。一方、温暖化で問題となるのは、地球大気の厚み全体にわたる大気層である。この間には約 10 万倍のスケールの違いがある。一方で、ペットボトル内の二酸化炭素を濃度 100％とすると、大気中の二酸化炭素の濃度 0.04％の 2500 倍となる。これらを総合すると、ペットボトル内には、大気の厚みにして 0.07 × 2500=175m に相当する二酸化炭素が入っていることになる。この程度の厚みの大気でどの程度の吸収が可能なのか、検討が必要である。

きちんとした実験書を作るとするなら、上記のような検討を通して、地表程度の気温と圧力のもとにあるペットボトル内の二酸化炭素が、どれだけの赤外線を吸収することができるのか明らかにする必要がある。

- **容器の赤外線に対する透過／吸収特性の問題**

これらの実験で用いられる容器は、ペットボトル（ポリエチレンテレフタレート）であったり、フラスコのようなガラスであったりする。これらは確かに可視光線に対しては非常に透明度が高いので、赤外線に対しても同様に透明になっているかのように考えがちだが、一般的にはこれらの物質も波長帯によっては透過性が高いとは限らない。

地球大気の温室効果を検討する場合、地表面や大気の環境温度である 200-300K 程度の温度を持った物体の出す黒体放射（熱放射）に対する物質の透過性が重要になる。ウイーンの変位則によれば、実験室程度の気温（290K 程度）を仮定すると、約 10μm 付近の波長帯における赤外線とペットボトル内の二酸化炭素による吸収が重要になる。特に、二酸化炭素による赤外線吸収において重要なのは約 2.5 〜 3 μm、4 〜 4.5μm、14 〜 16μm の波長帯での容器の吸収率である。もしこの波長帯の容器の透過性が低い（吸収率が高い）とすると、内部の二酸化炭素に照射される前に容器によって吸収されてしまい、二酸化炭素による放射の吸収の実験には、そもそもならなくなってしまう。

- **熱容量の問題（気体部分）**

　二酸化炭素と乾燥空気とでは、その熱容量に違いがある。いずれもほぼ同じ体積となるように装置は設計されているので、閉じ込められた気体の熱容量の比は、両者の定積モル比熱の比に等しいものと考えられる。

　乾燥空気の成分はほぼ二原子分子で構成される。二酸化炭素は三原子分子だから、両者の定積モル比熱はそれぞれ、気体定数 R^* =8.31Jmol^{-1} を用いて、$\frac{5}{2}R^*$、$\frac{7}{2}R^*$ に近い値となることが知られている。従って、閉じ込められた気体については、二酸化炭素の方が乾燥空気よりも熱容量が大きいことになる。このことを考慮すると、二酸化炭素を閉じ込めた装置1の方がより熱しにくく冷めにくくなることが予想できる。

　閉じ込める気体の熱容量の差は、下に検討する装置全体の熱容量の問題と関係する。

- **熱容量の問題（装置全体）**

　装置全体の熱容量は、閉じ込めた気体の熱容量と容器の熱容量の和となる。装置1と装置2では、同じ材質の容器を用いるので、この点で差は生じないはずである。同時に容器は一般に、閉じ込められた気体よりもかなり大きな質量を持つ場合が多い。

　ペットボトルの重さは種類によるが、500mL の容積を持つペットボトルは一般的に約35gとされている。閉じ込められる500mL の容積の乾燥空気の標準状態での質量は、1モルの理想気体の体積が22.4L、乾燥空気の平均分子量が約29であることを用いると、0.65gとなる。二酸化炭素の平均分子量は約44なので、乾燥空気の1.5倍程度の0.98gとなり、いずれも装置の中に占める気体の質量は取るに足らないものとなる。装置の熱容量を決めているのは基本的にはペットボトルそのものであり、二つの装置の熱容量の差はかなり小さいものと予測できる。

　実験結果の解釈をする際には、温度変化の主体を、閉じ込められた二酸化炭素に求めがちだが、現実は大きく異なっており、実はペットボトル等の容器そのものの温度変化が重要な役割を果たしていることになる。

- **吸収率の高い物体は射出率も高い**

　ペットボトル温暖化実験は、二酸化炭素が照射される赤外線を吸収し、乾燥空気に比べて早く温まることを確認しようとするものである。一方、あらゆる物質について、吸収率と射出率は一致する（キルヒホッフの法則）。そのため、いったん赤外線の照射が止まると、吸収率の高い二酸化炭素はより多くの赤外線を外部に放出して冷

え、環境温度に近づいていく。したがって、容器内の二酸化炭素が吸収・放射する赤外線に対して容器が透明であると仮定すると、二酸化炭素の赤外線放射の効果は、装置を冷やす方向に働く。

すでに述べたように、二酸化炭素の入った装置はより大きな熱容量を持ち、この点から見ると熱しにくく冷めにくい性質を持っている。一方で、ここで述べたように、二酸化炭素の入った装置はより大きな赤外線に対する吸収率・射出率を持ち、この点から見ると熱しやすく冷めやすい性質を持っている。どちらが重要なのか？

また、実験書の中には、二酸化炭素は熱しやすく冷めにくい性質がある、と述べている事例が見られる。比熱の効果を見ても、赤外線の吸収・放射の効果を見ても、二酸化炭素が一方的に熱しやすく冷めにくい性質を持つことは考えにくいことから、このような記述には大きな問題があると言える。

- **照射する光の問題**

利用する「赤外線ランプ」はどのような波長帯の光を放射しているのか、その光は二酸化炭素の主要な吸収帯をどのようにカバーしているのか、検討する必要がある。

このように、ペットボトル温暖化実験には、検討を要する問題が多く残されている。以下、実験の妥当性を検討する基盤となる実験のモデルを提案する。

3 ペットボトル温暖化実験のモデル化

ペットボトル等による温暖化実験のアイデアを理解しやすい枠組みにまとめ、図1のようにしてみた。温度の変化や圧力によっては容積のほとんど変わらないペットボトル等の容器に、純粋な二酸化炭素を閉じ込めて装置を作る（装置1、図1a）。

単位面積の容器を考え、厚みはΔxとする。実験装置における容器と閉じ込められる気体の温度について、以下の仮定を置く。容器と気体の間では急速に熱はやりとりされて熱平衡に達し、温度は等しくなるものとし、この温度をT_1とする。これは、外部から与える放射や、周囲との熱のやりとりによる温度変化の時間スケールに比べて、容器と気体の間での熱のやりとりによる温度変化の時間スケールが十分小さいことを意味している。この妥当性は検証される必要があるが、本論では正しいものとして議論を進める。装置2は、装置1とまったく同じだが、二酸化炭素の代わりに、乾燥空気を閉じ込める（装置2、図1b）。

実験開始前の初期状態において、二つの装置の温度 T_1、T_2 はいずれも周囲の環境温度 T_s と等しい状態から出発するものとする。閉じ込められた気体の圧力 p_1、p_2 も、周囲の気圧 p_x と等しいものとする。装置の温度が上昇するに従い、容器の容積が変わらないことを考慮すると、気圧はその絶対温度に比例して上昇することになる。一方、容器の容積が変わらないことにより、閉じ込められた気体の密度は実験を通じて変化しない。なお、容器に閉じ込められている以上、装置1、装置2のモル数も変化しない。初期状態の容積も等しいことから、容器内の二酸化炭素も乾燥空気も常に同じモル数 n であることが保障される。容器の単位面積部分を考慮すると、容器内の気体のモル数は、以下の式で与えられる。

$$n = \frac{p_x \Delta x}{R^* T_s}$$

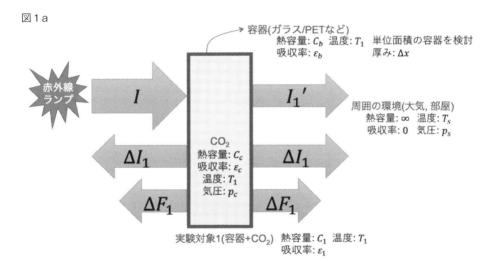

図1a

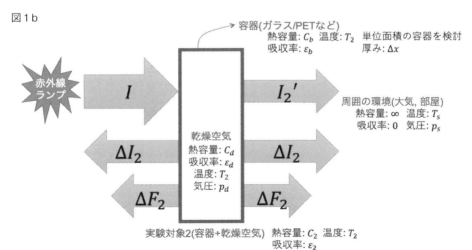

図1b

ここで、R^* は理想気体の気体定数であり、$R^* = 8.31\mathrm{Jmol^{-1}K^{-1}}$ で、気体の種類によらない。二酸化炭素と乾燥空気の定積モル比熱を c_c、c_d と置くと、装置 1、装置 2 の気体の熱容量はそれぞれ、$C_c = c_c n$、$C_d = c_d n$ となる。一般に、三原子分子である二酸化炭素は、主として二原子分子で構成される乾燥空気に比べて定積モル比熱が大きいことから、装置 1 の気体の熱容量は、装置 2 の気体の熱容量よりも大きくなる。一方、容器部分の熱容量は装置間に差はない。装置全体の熱容量も、装置 1 の方が大きいことになる。とはいえ、1 気圧程度の乾燥空気や二酸化炭素と容器の熱容量を比較すると、容器の熱容量の方が相当大きいであろうことは、上で確認した。

初期状態において、装置はいずれも周囲と熱的に平衡状態にあり、周囲との熱のやりとりを示す ΔI（放射による熱のやりとり）と ΔF（対流と伝導による熱のやりとり）は 0 と考えて良いことになる。

この状態からこれらの装置の左右の面の全体に垂直に、まったく同じ強度の放射（理想的には地球放射と同じようなスペクトルを持った赤外放射。時に可視光線や近赤外線を含むような装置もあり得ることを念頭に置く）を、赤外線ランプによって照射する。簡単のため、この放射は平行光線であると仮定し、その単位面積あたりの強度を I と表現する。

- **二種類の吸収率の見積もり**

照射される赤外線は、容器にも吸収されることに注意が必要である。吸収率の検討は極めて複雑で、吸収率のスペクトル（波長依存性）に関して、求解を可能とする何らかの仮定が不可欠である。また、この検討においては、簡単のために、入射する赤外線の単位波長あたりの強度は波長によらないと仮定する。これは、こうすることで、波長ごとに求めた吸収率を考える波長帯で単純に平均することによって全体の吸収率を求めることができる枠組みとなるからである。これらの仮定のもと、装置と気体の吸収率について検討する。

まず、二酸化炭素の吸収率だが、波長とともに極めて複雑に変動することが知られている[5]。今考えているペットボトル程度のスケール（$\Delta x = 7\mathrm{cm}$ 程度）では、約 2.5 〜 3μm、4 〜 4.5μm、14 〜 16μm の波長帯に、強い吸収が見られるが、他の波長帯での吸収はほとんど見られない。照射される赤外線の波長帯にもよるが、10 〜 20μm の範囲では平均して 20% 程度、2 〜 5μm の範囲では 10% 程度の吸収率である。ここでは二酸化炭素による吸収率を、特定の周期帯では 1、その他の周期帯では 0 と考えることにして、全体として $\varepsilon_c = 0.2$ となるものと見積もって検討を進める。一方、乾燥空気中でも二酸化炭素の吸収を検討する必要があるが、濃度が低く、二酸化炭素

は 0.04 ％程度である。ペットボトル程度のスケールでは、ここでは、目立った吸収はないとみて良いと考えられる。従って、$\varepsilon_c = 0$ となる。水蒸気について、もし考慮するとしても、その濃度が十分小さいため、純粋な二酸化炭素に比べれば十分無視できることを付記しておく。

容器の吸収率については、図2のような、二通りのケースを検討する。

ケースAでは、容器の吸収率が上記二酸化炭素の吸収帯と重なりを持たず、特定の波長帯で1、その他で0となる。この場合、二酸化炭素と重ならない範囲で吸収率は変えることができるので、容器の吸収率 ε_b は $0 \sim 0.8$ の範囲に入る。

ケースBでは、容器の吸収率が波長によらず一定となる。この場合、吸収率は自由に変えることができ、$\varepsilon_b = 0 \sim 1$ となる。

次に、装置全体の吸収率を求める。図2のケースAとケースBとでは、装置全体の吸収率の計算は異なってくる。ケースAでは二酸化炭素と容器の吸収の重なりを考慮する必要はないが、ケースBでは、その必要が出てくる。

以下ケースAの場合についての、装置全体の吸収率 ε_{1A}、ε_{2A} を求める。特定の吸収帯のみで吸収率が1であることからこの場合は簡単で、

$\varepsilon_{1A} = \varepsilon_b + \varepsilon_c$

$\varepsilon_{2A} = \varepsilon_b$

となる。図2も参照のこと。

次に、ケースBの場合の、装置全体の吸収率 ε_{1B}、ε_{2B}、を求める。この場合、容器の吸収率は1か0とは限らないことから、二酸化炭素の吸収がない波長帯では、二

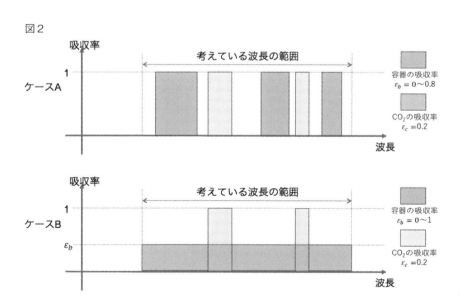

図2

つの壁で2回吸収が起こるので、透過率が $(1-\varepsilon_b)^2$ であることから、二つの壁をあわせた吸収率は、$2\varepsilon_b - \varepsilon_b^2$ となる（図3）。

装置の吸収率は二酸化炭素の吸収帯とそれ以外を平均することになり、

$$\varepsilon_{1B} = \varepsilon_c + (1-\varepsilon_c)(2\varepsilon_b - \varepsilon_b^2)$$

一方、乾燥空気を閉じ込めた装置の吸収率は単純に容器の吸収率となるので、

$$\varepsilon_{2B} = 2\varepsilon_b - \varepsilon_b^2$$

である。射出率は吸収率と等しいと考える（キルヒホッフの法則）。

• **装置に出入りするエネルギーの見積もり**

装置と外部との温度差に起因する熱伝導に伴う外部への熱輸送 ΔF については、外部と装置との温度差に比例する熱輸送があるものとして、熱伝達係数 h を用いて、

$$\Delta F = h(T - T_s)$$

と表すことができることとする。熱伝達係数は、容器の形状や配置、大きさ等によって変化しうる。値はのちほど検討する。

装置が加熱されることに伴う熱放射の出入りに伴う外部への熱輸送 ΔI については、環境温度 T_s による黒体放射の吸収と、装置の温度 T にともなう装置の放射率に応じた赤外放射のバランスによって以下のように書くことができる。

$$\Delta I = \varepsilon \sigma (T^4 - T_s^4)$$

ここで、σ は、ステファン・ボルツマン定数。ε は、ケースA、Bに応じて、ε_A、ε_B に読み替える。なお、考えている範囲の温度にわたって、黒体放射の違いによる装置の吸収率の変化は十分無視できるものと仮定している。

なお、環境温度とペットボトルの温度差が十分小さいと仮定すると、上記の式はより簡単な以下の近似式に置き換えることができる。

$$\Delta I = \varepsilon \sigma (T - T_s)(T^3 + T^2 T_s + T T_s^2 + T_s^3) \cong 4\varepsilon \sigma T_s^3 (T - T_s)$$

更に、$\eta = 4\sigma T_s^3$ と定義すると、

図3

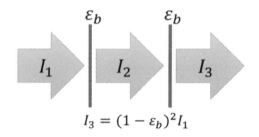

$$\Delta I \cong \varepsilon \eta (T - T_s)$$
と、とても簡単な式になる。

• **温度変化を予測する方程式と平衡温度**

二つの装置の温度変化を予測する方程式を書き下すこともできる。熱の出入りによって、温度が変化する。
$$C\frac{dT}{dt} = \varepsilon I - 2\Delta I - 2\Delta F$$
右辺は、環境と装置の温度差を用いてさらに整理できる。
$$C\frac{dT}{dt} = \varepsilon I - 2\Delta T(\varepsilon \eta + h)$$
ここで、C はそれぞれの装置全体の熱容量である。

ところで、赤外線ランプを当てることで、この装置の温度は何℃まで上昇するのか？

装置は赤外線ランプからの赤外線の吸収によりエネルギーを獲得するが、環境との温度差に応じて外へ熱を放出する。外への熱の放出は、温度が高くなるほど大きくなるため、ある温度になると平衡状態に達する。これを T_e と書き、それと環境温度との差を ΔT_e と書くことにする。$T = T_e$ のとき、装置の温度は変わらなくなる、すなわち上式の左辺がゼロとなり、
$$\varepsilon I = 2\Delta T_e(\varepsilon \eta + h)$$
となる。この式から以下のようにを求めることができる。
$$\Delta T_e = \frac{\varepsilon I}{2(\varepsilon \eta + h)}$$
更に、この ΔT_e を使うと、
$$C\frac{dT}{dt} = -2(\Delta T - \Delta T_e)(\varepsilon \eta + h)$$
ここで、装置の温度と、赤外線を照射したときの平衡温度との差を、$\Delta T - \Delta T_e = T - T_e = \Delta T^*$ と書くことができる。すると、赤外線の照射があるときの式
$$C\frac{d\Delta T^*}{dt} = -2\Delta T^*(\varepsilon \eta + h)$$
と、赤外線の照射が止まり（$I = 0$）、自然に冷えていくときの式
$$C\frac{d\Delta T}{dt} = -2\Delta T(\varepsilon \eta + h)$$
とを求めることができる。これらはいずれも係数が等しい簡単な微分方程式である。この方程式の解を図4に示す。

図4aは、赤外線の照射があるときの解であり、装置の温度は T_0 から、時間がたつごとに平衡温度 T_e に近づいていく。装置の温度と平衡温度の差は時間 τ が経過するごとに $1/e$ に縮まっていく。自然に冷えていくときの解は、図4bに示されている。この時間 τ は、以下の式で与えられる。

$$\tau = \frac{C}{2(\varepsilon\eta + h)}$$

つまり、熱容量が大きいほど装置の温度変化は遅くなり、吸収率が大きいほど装置の温度変化は速くなる。また、どの装置も、温まりかたが速くなれば冷え方も速く、暖まり方が遅くなれば冷え方も遅くなることもわかる。

4 ペットボトルの温室効果は検出できるか

● 二つの装置の吸収率の違いは検出できるか

装置1と装置2の暖まり方、冷え方の様子の違いはどのような形で表れるのか検討してみる。まずは平衡温度の差、すなわち ΔT_e の差の、ΔT_{e1} に対する比 $\tau = (\Delta T_{e1} - \Delta T_{e2}) \div \Delta T_{e1}$ をベースに違いを検出する方法について検討する。この値は、赤外線の照射を始めてからそれぞれの装置の温度がほとんど変化しなくなるまで実験を続けたときの装置1、装置2の温度がそれぞれ T_{e1}、T_{e2} と等しいと考えることにより、実験結果から求めることができる。

$$\tau = \frac{\Delta T_{e1} - \Delta T_{e2}}{\Delta T_{e1}} = \frac{\Delta\varepsilon}{\varepsilon_1} \times \frac{h}{\varepsilon_2\eta + h}$$

ここで、$\Delta\varepsilon = \varepsilon_1 - \varepsilon_2$ は装置間の吸収率の差である。h と η の現実的な値を検討しておく。$\eta = 4\sigma T_s^3$ は、環境温度が300Kであれば、ステファン・ボルツマン定数 $\sigma = 5.67 \times 10^{-8} \mathrm{Wm^{-2}K^{-4}}$ より、$\eta = 6.12 \mathrm{Wm^{-2}K^{-1}}$ となる。熱伝達係数 h は、静止

図4

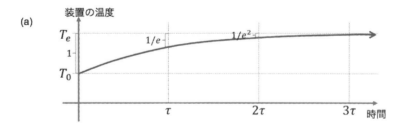

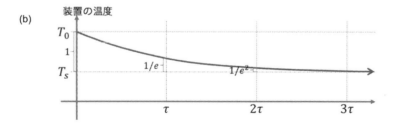

した空気に対して $h = 4.65\text{Wm}^{-2}\text{K}^{-1}$ 程度とされる。これらの値を参照すると、上式の右辺の後半部は、最大 1、最小で 0.4 程度である。従って、吸収率の違いを表す $\Delta\varepsilon/\varepsilon_1$ が十分大きければ、τ の値に二酸化炭素を封入した効果が表れるはずである。

なお、装置 1 と装置 2 の違いは、平衡に至る速さにも表れる可能性があり、これは τ の値の評価によって考察可能である。この場合、二つの装置の熱容量の違いにも注意を払う必要がある。これについては別の機会に譲りたい。

- **吸収率の差の検討**

上記の方法から期待される r の値は、吸収率の値によって決定される。

まず、容器の赤外線の吸収帯が二酸化炭素の吸収帯と重なり合わないケース A について考える。$\Delta\varepsilon/\varepsilon_1$ の値は $(\varepsilon_{1A} - \varepsilon_{2A})/\varepsilon_C = \varepsilon_C/(\varepsilon_b + \varepsilon_C)$ となる。二酸化炭素の吸収率 ε_C を 0.2、容器による吸収率 ε_b を 0.5 と仮定すると、$\Delta\varepsilon/\varepsilon_1$ の値は $\varepsilon_C/(\varepsilon_b + \varepsilon_C) = 0.29$ となり、$\tau = 0.4 \times 0.29 \sim 1 \times 0.29 = 0.12 \sim 0.29$ と、昇温に約 10〜30% の違いがあることを表している。この検出には見込みがありそうだ。

次に、容器の赤外線の吸収が波長によらず、二酸化炭素の吸収帯と重なり合うケース B を考える。このとき、$\Delta\varepsilon/\varepsilon_1$ の値は $(\varepsilon_{1B} - \varepsilon_{2B})/\varepsilon_{1B} = \varepsilon_C(1-\varepsilon_b)^2/\{\varepsilon_C + (1-\varepsilon_b)(2\varepsilon_b - \varepsilon_b^2)\}$ となる。二酸化炭素の吸収率 ε_C が 0.2 のとき、容器の吸収率を上記ケース A の場合と同様に 0.5 にすると、$\Delta\varepsilon/\varepsilon_1$ の値は 0.063 で、ケース A に比べて昇温の違いは約 5 分の 1 にとどまる。

この結果から、できるだけ二酸化炭素の吸収帯との重なりがない容器を使う必要があることがわかる。逆に言えば、赤外線の吸収が少ない、あるいは吸収帯の重なりの少ない容器を使うことにより、二酸化炭素封入による差の検出が可能となるかもしれない。

5 ペットボトルは難しい

ペットボトル温暖化実験でも、ボトルの赤外線吸収の波長依存性が適切であれば、ボトル内に詰めた二酸化炭素による温暖化を実感できるかもしれないことが示された。特に大切なことは、二酸化炭素の重要な吸収帯である 15μm 程度の波長帯で十分透明な素材を選ぶことである。ペットボトルやガラスの赤外線の波長帯における吸収

○ 第4章　ペットボトルの中の温暖化が難しい

率は、可視光線と異なり大きな値になる可能性が高い[6]。この点の慎重な検討はされているのか？

いずれにしても、ペットボトルという小さな世界でどのような物理が生じているのかをはっきり理解し、科学的根拠を与えることが、実験を定式化し、普及する前に必要である。

他にも、まだまだ検討するべき課題が置き去りにされている。たとえば、容器と容器内部の気体の間の熱平衡を仮定できない場合にはどうなるかという問題も、とてもやっかいである。ペットボトルの薄い板の表側と裏側ではまったく温度も違うかもしれない。熱伝導率の検討も重要である。意外と温度勾配を保てるかもしれず、その場合、容器と内部の気体の温度も別々に検討する必要がある。赤外放射も更に複雑になり得る。内部の熱構造をより詳細に明らかにする必要があるかもしれない。

いったいペットボトルで何が起こっているのか？

まだまだわからないことだらけである。

【注】
1　IPCC, Climate Change 2013: The Physical Science Basis, 1535 pp. (2013).
2　IPCC, Special Report on Managing the Risk of Extreme Events and Disasters to Advance Climate Change Adaptation. 582 pp., (2012).
3　小倉義光, 一般気象学第2版増補版. 東京大学出版会, 320頁, 2016年.
4　例えば「ペットボトル 温暖化実験」でウェブ検索すれば多くの事例が得られる。
5　ここでは、大気成分の吸収スペクトルを高い分解能で計算するサイト、Spectral Calc.com(URL: http://www.spectralcalc.com/info/about.php) により吸収率等を求めた。
6　例えば、ペットボトルの向こう側に70-80℃の物体をおいてみても、一般的な放射温度計によってはまったく感知することができない。これは、少なくとも放射温度計が計測に用いている波長帯の赤外線については、ペットボトルの透過性が低いことを示している。ただし、放射温度計は大気による吸収率の低い、いわゆる「窓領域」の赤外線を用いており、これ以外の波長帯でペットボトルが良い透過性を持っている可能性はこの実験だけからは排除できない。現在、地球放射に係わる広い波長帯をカバーする実験方法を検討中である。

第5章

観察は
見ることではない

松本一範

○ 第5章　観察は見ることではない

　いきなりで申し訳ないが、皆さんに図1を見て頂きたい。白い用紙の上にたくさんの黒い染みが散在しているだけの絵であるが、本から目を少し遠ざけてぼーっとご覧頂ければ何かが見えてくる。何が見えてきたであろうか？　おそらく多くの方が、頭を下げて地面を嗅いでいるダルメシアン（イヌ）にお気づきになられたのではないであろうか。この図にはダルメシアンそのものが描かれているわけではない。ただ白黒の模様だけがある絵である。ではなぜ、そこにダルメシアンが見えるのだろうか？　何もないのに見えてしまう。見えるとは実は見えてしまうということなのであろうか？

　本章では、"見える"とは一体どういうことなのかということを解説し、それを踏まえて、見えるための観察を行うためにはどのような点に留意すべきなのか、考えていきたい。

図1　Hidden Dalmatian Dog [1]

1　ものを見るとは？

　まず、ものを見るとはどのような行為なのか、順を追って考えていこう。現実世界にある何らかの物体から放たれた光が目に入る。その光は水晶体（レンズ）を通過して実物とは逆さまの像を網膜上に結ぶ。光は網膜にある視細胞を刺激し、視細胞の興奮が電気信号として大脳の視覚野に伝達される。大脳はその情報を基にして、光による刺激を我々に画像として認識させるのだ。ただし、網膜上に逆さまに映った像は、180°反転した元の正しい状態に修正されて認識されるのだが、我々はそんなことには気が付かない。目から入った情報は、実は、大脳で編集されているのである。それは次のことからも伺える。網膜上には盲斑という神経繊維の束が通る部分がある。そこには視細胞がないため、盲斑に届いた光は情報として大脳に送られることはない。つまり、我々の網膜には光を感じることができない部分があるため、視界には知覚不可能な部分があるはずなのだが、我々はそれを感じることができない。病気でない限り、視野には一点の曇りもないように感じる。これも大脳の編集によるものである。つまり、見るという行為は、網膜に映った画像そのものを知覚することではなく、大脳が都合良く編集した情報をそれがあたかも真の像であるかのように錯覚して認識するということなのだ[2]。見ることは、究極的には、大脳による現実世界の解釈であり、我々は知らず知らずのうちに大脳にだまされていることになる[3]。静止しているはずの図形が動いて見えたり、地平線付近にある月が大きく見えたりする、いわゆる錯視は全て大脳の思い込みによるものである[4,5]。これは、視覚に限った話ではない。聴覚、嗅覚、味覚、触覚といった五感全てに共通することである。事故や病気によって手足を切断した人がないはずの手足に痛みを感じる"幻肢痛"という症例が報告されている[3,6]。これは、脳がないものをあるものとして誤って判断をしてしまうことに起因する症例であり、自身の体すら正確には把握できていないことが覗える。我々は大脳というフィルターを通してバイアスのかかった世界を認識しているに過ぎない。さらに、我々の感覚器は全ての情報を得ることはできない。例えば、視細胞は紫色〜赤色（約 400 〜 700nm の波長）の光にしか反応できず、紫外線や赤外線を感じることはできない。聴細胞は約 20 〜 20,000Hz の周波数を持つ音にしか反応しない。つまり、全ての情報を得ることは不可能であり、さらに得た情報を何のバイアスもなく再現することは不可能なため、真の世界を知覚・経験することは誰にもできな

いのである。知覚とは「我々は実体そのものではなくその影を見ることしかできない」というプラトンの洞窟の比喩そのものなのである。

2　見えるとは？

　では、ものが"見える"とは一体どういった状態を指すのであろうか？　我々の知覚は大脳による判断なので、見えることも当然、大脳を通した経験である。今一度、図1をご覧頂きたい。図1にはダルメシアンというイヌをご覧頂けたかと思うが、なぜ、読者の皆さんはそれをイヌとして、またイヌの中でもダルメシアンとして判断されたのであろうか？　イヌがいると判断された方々は、おそらく、生まれてから今までにイヌとよばれる動物を見たり、触れたり、その鳴き声を聞いたり、その臭いを嗅いだりした経験をお持ちであろう。また、イヌに興味のある方は様々な品種の存在を実物や映像などでご覧になった経験をお持ちであろう。そのような経験の蓄積によって、「こうこうこういう動物がイヌであり、その中でもこうこうこういうイヌがダルメシアンである」という判断基準、つまりダルメシアンを含むイヌの雛形が大脳の中に形成され、それが記憶として維持される。雛形が形成された後にイヌを見た場合、大脳は視覚情報とその雛形を照らし合わせ、それらが合致すれば、見ているものをイヌであると判断する、つまり、イヌであると我々に理解させるわけである。図1にはイヌの輪郭とよく似た部分があるため、イヌの雛形をお持ちの方は、大脳がその輪郭とイヌの雛形を照合してしまう。その結果、それらが合致するために、単なる白と黒の画像にイヌを見てしまうのである。それは実際のイヌである必要はない。イヌの雛形と合致すればなんでもかまわないのだ。これもまた錯視の一種である。さらに、ダルメシアンは白地に黒い斑点を持つため、ダルメシアンの雛形が形成されていれば、白と黒から成るイヌを大脳は容易にダルメシアンと判断してしまうのである。"見える"とは、入力された視覚情報が既存の雛形と合致すると大脳が判断した状態、つまり、図1の絵の一部をダルメシアンというイヌとして我々が解釈した状態を指すのである[7,8]。英語の"I see"が"分かった"という意味になるのはそのためであろう。
　では、経験したことのない事柄については、どうだろう。それらは全く"見えない"のだろうか？　ところで、多くの皆さんは今までにレントゲン写真を撮られたことがあるだろう。レントゲン写真には黒を背景として白い骨がぼやっと写っているようにしか見えないが、医師はその写真を基にして、病気に罹っているのか否かを判断

する。しかし、医師でない人がレントゲン写真を見ても、骨以外、何が写っているのかおそらく分からないだろう。医師は医学的な訓練を受けているため、骨とは異なる像を識別し、それが何らかの病巣であるか否かを判断できる。つまり、医師の大脳にはレントゲン写真によって示される病巣の雛形が形成されているので、レントゲン写真を見れば病気か否かまた、病気であればどのような病気であるのかが分かるのだ。しかし、医学的な訓練を受けていない人は、レントゲン写真によって示される病巣の雛形が形成されていないため、レントゲンの画像を見ても、何が写っているのかさっぱり分からないのである。これは観察における"理論負荷性"とよばれる現象である。観察を行うには予め観察すべきものに対する理論を持つ必要、つまり雛形を形成する必要があり、それがないと、何も分からない、つまり、見えないということになるのだ。目の前に映っているものが見えているわけではない。映っているものが何なのかが分かって初めて"見える"ということを経験するのだ。医師以外の人でもレントゲン写真を見ることはできるが、写真が発する意味が分からないため、実は何も"見えていない"状態であると言えよう。純粋無垢の観察事実は存在しないということになる。

3 環世界

　大脳による情報の解釈と大きく関係することであるが、動物は客観的に存在する環境に生息してはいるものの、その環境の中から自分に関係のある、つまり意味のあるものだけを選び出して自身の世界を形成している。それぞれの種が独自に持っている知覚世界を"環世界"とよぶ[9]。例えば、机はヒトにとっては「本を読んだり、ものを書いたりする場所」という意味を持つが、ハエにとっては壁や床と同じ「止まるところ」で特別な意味は持たない。同じ部屋にいても環境に対する意味付け（＝編集）はヒトとハエでは異なるのだ。哲学者ヴィトゲンシュタインは「たとえ、ライオンが話せたとしても、我々はそれを理解できないだろう」と述べている[10]。この言葉には環世界が反映されている。ヒトはライオンとは異なった環世界に生息しているのだ。環世界が種によって異なるのは、進化に起因する。動物には、その生存・繁殖に有利になるように生息環境に応じた感覚器が進化する（第1章参照）。従って、前述したように、身のまわりにある特定の情報しか知覚することができない。近縁種は祖先からの形質を分かち合っているため、知覚可能な情報はおおよそ共通しており、それら

の環世界は似通っている。これを系統的制約とよぶ。しかし、遠縁種であっても生存・繁殖を有利にする条件が同様ならば、それらの環世界は似たものとなる。これを生態的制約とよぶ。例えば、アフリカのサバンナに生息する多くの種類の草食動物にとって、ライオンは捕食者という意味を、草むらは隠れ場所という意味を持ち、それらは鋭敏に知覚される。環世界は動物の種によって物理的な時間・空間に対する知覚が異なることを意味するが、同種であっても意味のある事柄は個体ごとに多少とも異なるため、厳密にはそれぞれが異なる環世界に住んでいると言えよう。個人によって意味のあることが異なれば、大脳での雛形の作成や情報の解釈も個人ごとに異なって当然であろう。つまり知覚・認識される事柄は個人ごとに異なると言えよう。

4　見えるためには

　見えるとは、感覚器からの入力情報が大脳にある既存の雛形と合致すると大脳が判断した結果、我々が理解した、分かったという状態になることである。しかし、その雛形は生まれつき備わっているものではない。成長の過程で少しずつ形成されて行くものである。では、どのようにして新たな雛形が形成され、今まで見たことがない物事が見えるようになるのであろうか？　大脳は感覚器から入力された情報に合致する雛形を探索する。その情報がどの雛形にも合致しない場合、大脳は最も合致しそうな雛形を選び出す。例えば、18世紀にオーストラリアでカモノハシが発見された。その剥製はイギリスへ送られたが、模造品であると判断された。では、なぜその様な判断が下ったのであろうか？　答えは簡単、当時、誰一人カモノハシの存在を知らなかったからである。つまり、どの人の大脳にもカモノハシの雛形がなく、その剥製をカモノハシであると解釈ができなかった＝分からなかったからである。では、この剥製はどう解釈されたのか。体はビーバーに似ているが、口はカモの嘴に似ている。従ってビーバーにカモの嘴を付けた模造品であると判断された。人々の大脳にはビーバーの雛形、カモの雛形、および模造品の雛形が既に形成されており、それらを組み合わせた結果、目の前にある剥製に一番合致するという判断に至ったと考えられる。当時の人々にはカモノハシは見えていなかったのだ。しかし、その剥製が実在の動物であることが証明された後、人々の大脳にはカモノハシという動物の雛形が新たに形成され、カモノハシの剥製や写真を見てもそれをカモノハシと判断できるようになったのだ。雛形が存在しない事柄に関しては、大脳は既存の雛形を組み合わせることに

よって、その存在を解釈しようとする。それによって新たな雛形が形成されることもあろう。また、その解釈が正しくないことが判明すれば、全く別の新しい雛形が形成されることもあろう。未知の事柄については、その様にして新たな雛形が形成されることで、新たな解釈が可能となり、分かる＝見えるようになるのだ。

　以上のことを踏まえ、観察を行う上ではどのような点に留意すべきなのか考えてみよう。筆者は大学の実験授業でチョウの鱗粉を観察させている。残念ながら、チョウの鱗粉を実際に観察した経験を持つ学生は少なく、大半の学生が初めての観察となる。筆者は顕微鏡を覗かせる前に必ず、鱗粉の予想図を学生に描かせている。水をはじく、捕食者からの逃避を助けるなど鱗粉の機能とその字面から、各自が想像する鱗粉の形状を簡単に描いてもらっている。学生の予想図は様々であるが、鱗という文字から、魚の鱗のように整然と並んだ多角形を描く学生が多い。学生の感想には、「観察する前に予想すると、自分が考えた形状と全然違うことがわかり、より詳しく観察できた。」、「先生のヒントから鱗粉の形を予想したが、思いも付かない形をしていることが分かって印象的だった」などがあり、観察の前に予想を行わせると、学生が観察により食いつきやすい傾向にあることが分かる。鱗粉を全く見たことのない学生の大脳には当然、鱗粉の雛形は形成されていない。様々なヒントを基に、見たことのない鱗粉を想像するということは、自身が持つ様々な雛形を組み合わせ、新しい雛形を大脳に形成しようとする試み、つまり鱗粉を分かろうとする試みである。観察の前にいかなるものであろうと一旦は鱗粉の雛形が大脳に形成される。しかしそれはあくまでも、既存の雛形を組み合わせた仮の雛形であって真の雛形ではないため、実際の鱗粉とのギャップが激しい。従って、顕微鏡を覗いた結果、「これが鱗粉⁉　ええっー」という落ちになるのだ。合致する雛形がなければ、何を見ているのか分からない＝見えないことになるが、強引にでも作った雛形があれば、それは鱗粉の雛形であると大脳が認識するため、実物と照らし合わせた結果、合致するはずのものが合致しないということになり、意外性と驚きを感じてしまうのであろう。階段を登っている際に、まだ続くと予測していた階段が突如終了した場合、脚を踏み外して驚いてしまうのと同じことである。予測は雛形となりえ、それが実物と合致しなくとも、実物を理解する手助けとなるようである。むしろ合致しない方がより効果的な観察につながるのかもしれない。予測による雛形と実物とのギャップを埋めようと学生は鱗粉を詳細に観察し、新たな雛形を作ろうと努めるようである。鱗粉の雛形を持たない学生がプレパラート上のごみを鱗粉として誤認することを防ぐために、最終的には筆者がモニターに鱗粉を映し出し、学生にそれを確認させている。

　このように観察前に観察物に関する雛形を予め形成しておくことによって効果的な

○ 第5章 観察は見ることではない

学習が期待されるわけであるが、ある程度は実物との橋渡しが必要であろう。見た経験が全くない事柄に対しては、実物を想像させるようなヒントがないと、雛形を形成しようがない。いきなり「鱗粉を想像してそれを描きなさい」と指示されても、鱗粉とはどこにあり、どのようなもので、どのような役目を担っているのかなどといった情報がなければ、予測に用いるべき既存の雛形を選択することができない。あまりにも実物が既存の雛形とかけ離れている場合は、実物との橋渡しが必要となる。さらに、前述したように人によって環世界は異なるため、様々な角度から多様なヒントを与えたほうが良いだろう。ヒントが少なければ、そのヒントに対する雛形を持っていない学生が出てくるかもしれない。

　筆者は魚とイカの解剖実習も担当している。解剖ばさみでジョキジョキと体壁や外とう膜を切り開くとうねうねとした内臓が露出する。今のご時世、生の魚やイカを調理した学生はほぼ皆無である。もし調理を経験していたとしても、一括して捨てられるはらわたなどを注視することはまずなかろう。ほとんどの学生にとって、お腹の中にあるのは異臭を放つぶよぶよとした物体に過ぎず、どの部分がどの臓器に当たるのか、皆目検討がつかない。つまり、お腹を開いても、何もわからない＝見えないのだ。このような場合、一人一人懇切丁寧に臓器の説明を行う必要がある。まず各臓器の形や色を図鑑と照合しながら説明し、その後各臓器を取り出して指でその感触を確かめさせている。胃や心臓は筋肉でできており、他の臓器とは明らかに弾力性が異なる。腸を圧迫すれば、消化物が肛門から流出する。少し引いたところからみるこの光景は、まさにスプラッター映画そのものであるが、行程が進むにつれて多くの学生は興味津々となり、とりつかれたように作業をこなす者まで現れる。このように好奇心のカスケードが働けばしめたものである。おそらく臓器に関する明瞭な雛形が学生に形成されよう。人は元来、好奇心によって未知の事柄をわかろうとする、つまり自発的に雛形を形成しようとする性質を持ち合わせているのかも知れない。

5　まとめ

　我々は大脳を介して世界を捉えているため、知覚とは究極的には大脳による解釈ということになる。見えるとは、既知の情報から作成された雛形に視覚情報を照らし合わせた結果、それらが合致した場合、我々が納得した状態になることを指す。つまり、分かったということである。従って見えるためには、どうしても観察対象の雛形

を作成する必要がある。あらかじめ観察対象を示しておくというのも1つの手段ではあるが、未知のものを観察させる場合、既知の事実から観察対象物を予測させ、あらかじめ大脳に仮の雛形を作らせておくという手もある。後者の場合、予測と実物とのギャップを埋めて真の雛形を作成しようと、より詳細な観察を試みる傾向にあるため、より効果的な観察学習が期待できると言えよう。また、学生の好奇心をくすぐることによって自発的な雛形形成が促されよう。観察は見ることではなく、"見える"ことである。

【注】
1　Gregory R. The intelligent eye. McGraw-Hill (Photographer: Ronald C James), 1970.
2　柴田裕之（訳）『ニコラス・ハンフリー　赤を見る　感覚の進化と意識の存在理由』紀伊國屋書店、2006年。
3　山下篤子（訳）『V.S. ラマチャンドラン＆サンドラ・ブレイクスリー　脳のなかの幽霊』角川書店、1999年。
4　夏目大（訳）『Tom Stafford, Matt Webb　Mind Hacks 実験で知る脳と心のシステム』オライリー・ジャパン、2005年。
5　下條信輔『視覚の冒険』産業図書、1995年。
6　高見幸郎・金沢泰子（訳）『オリバー・サックス　妻を帽子とまちがえた男』晶文社、1992年。
7　山鳥重『「わかる」とはどういうことか　認識の脳科学』ちくま新書、2002年。
8　畑村洋太郎『「わかる」技術』講談社現代新書、2005年。
9　日高敏隆・羽田節子（訳）『ユクスキュル・クリサート　生物から見た世界』岩波文庫、2005年。
10　丘沢静也（訳）『ルートヴィッヒ・ヴィトゲンシュタイン　哲学探究』岩波書店、2013年。

第6章

実験の役割は
仮説の検証だけではない

北林雅洋

○ 第6章　実験の役割は仮説の検証だけではない

　　実験を、その成り立ちからとらえ直してみる。そうすることで、実験の役割・機能について、理科教育において見過ごされがちな点が明らかになる。実験そのもののおもしろさも確認できる。さらに、科学の基礎研究の、技術開発にとっての重要性も明確に把握できるようになる。

1　仮説の検証は実験の役割

　大学生たちに初等理科教育法の授業の初めに「まず、これを見てください」と言って、浮沈子が沈んだり浮き上がったりする様子を見せる。大きなペットボトルに水をいっぱいに入れ、適量の空気を入れた試験管を逆さにして浮かべ、ペットボトルの栓を閉めて手で持ち上げ、手でペットボトルを握り、握る力を学生に気付かれないように強めたり弱めたりする。私が自在に試験管の浮き沈みを操る様子を見て、多くの学生が驚く。

　その後、種明かしも何もせず、「今のように、まずこれを見て、で始まるのは実験と言えるか」と問う。学生たちの意見は半々程度に分かれる。

　実験だという学生たちの理由は、実際に見ているから、あるいは、興味や疑問を持たせることができて、そのあとの授業の展開につなげられるから、というのが多い。

　実験ではないという学生たちの多くは、問いがなく、予想もなく、何も確かめられていないからだという。仮説を検証するのが実験だと、彼らはとらえている。実験のこのようなとらえ方については、学習指導要領においても特に強調されてきた。

　学習指導要領（2017年3月告示）の理科では、小学校も中学校もその目標に「見通しをもって観察、実験を行う」ことが位置づけられている。単に「観察、実験」ではなく、その前に「見通しをもって」が書き加えられるようになったのは1998年に改訂された学習指導要領以降である（中学校は「目的意識をもって」であったが）。この「見通しをもつ」について、例えば小学校では、「児童が自然に親しむことによって見いだした問題に対して、予想や仮説をもち、それらを基にして観察、実験などの解決の方法を発想すること」と説明されている[1]。予想や仮説を持つことが強調されているのである。

　確かに、仮説を検証するのが実験ではあるが、学習指導要領にも示されているよう

に、予想や仮説を持つことは観察においても重要であり、観察によって仮説が検証されることもある。さらに言えば、それ以外にも仮説を検証する役割を果たすものはある。例えばニュートン（1642-1727）が地動説を理論的に証明した[2]ように、理論的に仮説を検証するということも行われている。

このように、仮説を検証する役割を果たすのは実験以外にもある。それらの中でも実験は、他のものとは違う、どのような特徴を持つのか。

2　人為的・意図的に操作を加える

学習指導要領の解説では「観察、実験は明確に切り分けられない部分もあるが、それぞれの活動の特徴を意識しながら指導することが大切」だとして、次のようにそれぞれの特徴が説明される[3]。「観察は、実際の時間、空間の中で具体的な自然の事物・現象の存在や変化をとらえること」で、「視点を明確にもち、周辺の状況にも意識を払いつつ、その様相を自らの諸感覚を通してとらえようとする活動である」。「実験は、人為的に整えられた条件の下で、装置を用いるなどしながら、自然の事物・現象の存在や変化をとらえること」で、「自然の事物・現象からいくつかの変数を抽出し、それらを組み合わせ、意図的な操作を加える中で、結果を得ようとする活動である」。

このように、観察と対比した実験の特徴については、人為的・意図的に操作を加え条件を制御することと説明されている。確かに、その点で観察との違いは明瞭になるのだが、人為的・意図的に操作を加え条件を制御する活動は、実験に限ったことではない。工場や工房でのモノづくりの他、農作業、調理や食器洗い、掃除や洗濯、さらには子どもの遊びも、自然や身の回りの事物を対象として人為的・意図的に操作を加える活動なのである。このような活動の中で実験には、どのような特徴があるのか。

3　ガリレオが実験で大切にしたこと

実験は、中世ヨーロッパの学問のあり方・方法に対する批判として重要視されるようになり、近代科学を特徴づけるものとなった。中世ヨーロッパの学問が対象を自然

○第6章　実験の役割は仮説の検証だけではない

に求める代わりに主に聖書と注釈書とに求めたのに対して、研究手段としての実験に着眼し始めたのは 13 世紀のロジャー・ベーコン（1219 頃 -92 頃）らであり、フランシス・ベーコン（1561-1626）による実験の提唱は最も有名であるが、彼は必ずしも自分で実験を行ったわけではなく、実験の実行において誰よりも有力なのはガリレオ（1564-1642）であった、ということである[4]。

　ガリレオは、彼の最初の科学論文「小天秤」（1586 年）[5]において、アルキメデス（BC287-212）の王冠の逸話について、その方法を再検討し、伝えられていたものとは異なる方法であったはずだとして、実際の方法を明らかにした。ガリレオは、逸話の方法について「非常に粗雑で精密さからは程遠いものである」と批判する。彼は、アルキメデスの著書を「綿密に読み返した後、われわれの問題を精確に解く一つの方法が私の頭にひらめいた」として、その方法を詳細に明らかにしていく。そして、「この方法はアルキメデスが用いたものと同じである、と私は考える」というのである。

　逸話として伝えられていたのは、王冠が純金製であるかどうかを、水をいっぱいに入れた容器に王冠を沈めて溢れる水の量で調べたというもので、今日でもそのように紹介されることが多い。理科の教科書でもそのように紹介されてきた[6]。この逸話の起源は、古代ローマのウィトルウィウスが紀元後 25 年頃に著した『建築書』の記述とされている[7]。

　これに対してガリレオが示した方法は、浮力の大きさを調べるものだった。王冠を水の中に入れるのは同じだが、溢れる水の量ではなく、天秤の釣り合いがどうなるかを調べたというのである。王冠が純金製でないなら、密度が異なるので、同じ重さの純金に対して体積は同じにならないため、水の中で加わる浮力の大きさは同じにならない。従って、水の中では天秤が釣り合わないことになる。水の中でも天秤が釣り合えば、王冠は純金製だということになる。

　アルキメデスは、てこの原理や浮力の原理を明らかにしていたのだから、それらを用いるのが自然のことと言える。そして何より、天秤が釣り合うかどうかは一目瞭然でとらえやすく、少しの体積の違いでも判別することが容易である。溢れる水の量では、判別が難しいこともある。

　学問の新しい方法として実験を重視し、その導入に先導的な役割を果たしたガリレオ、彼の最初の科学論文において、実験というものの特徴、大切にすべき点も示していたといえる。それは、通常の感覚でとらえやすい現象に変換するということである。

　通常の感覚でとらえることができる現象については、わざわざ実験をする必要はな

い。自然界には、私たちの通常の感覚ではとらえられない現象が多々あり、実験をすることで、それらの現象をとらえることができるようになる。実験は、条件を整えたり装置や器具を用いたりして、通常の感覚ではとらえられない現象を、とらえやすい現象に変換する活動なのである。その変換がうまくできるようになって初めて、当該の実験は実験として成り立ったといえる。

4 発見も実験の役割

　通常の感覚ではとらえることができない現象が、通常の感覚でとらえられるようになるからこそ、多くの人が結果に納得し、仮説の検証という役割を実験は果たすことができる。そればかりでなく、もう一つの重要な役割を果たすこともできる。それは、それまで知られていない、気付かれていない現象を、発見することである。
　理科の授業において子どもたちは、実験を通して予想や仮説を検証するとともに、同じその実験を通して、それまで気付いていなかったことに気付き、時には新たな疑問を持つようにもなる。例えば、現行の学習指導要領でも新学習指導要領でも、小学6年の理科において「植物体が燃えるときには、空気中の酸素が使われて二酸化炭素ができること」を学ぶようになっている。例えば現行の東京書籍の教科書には、割り箸を燃やして二酸化炭素ができるかどうかを検証する実験が、写真を用いて示されている。その写真には、「木が燃えた後のようす」として灰も示されている（教科書には、それが何かという記述は全くないのだが）。二酸化炭素ができることを検証する実験において、それ以外に灰もできることが発見される。
　仮説の検証という実験の役割を強調してきたこれまでの理科教育では、次のような授業展開が一般的であった。

学習課題→予想・討論→実験→結論・まとめ

　しかし、発見という実験の役割を位置づけると、次のような授業展開もあり得ることになる。

実験①→発見・疑問の共有→学習課題→予想・討論→実験②→結論・まとめ

　ここで、実験②は発見という役割も果たし得るので、場合によっては実験②の後、結論・まとめの他に発見・疑問の共有がなされ、新たな学習課題へとつながるような

展開も起こり得る。

5 実験そのものがおもしろい

　実験によって通常の感覚ではとらえることができない現象がとらえられるようになるので、子どもたちにとっては、実験そのものがおもしろいのである。そのおもしろさは、生活科において子どもたちがおもしろがる活動と共通している。

　1989年の学習指導要領改訂によって、小学校低学年（1・2年）の「理科」と「社会」は廃止され、代わって「生活」が新設された。その生活科においても、低学年理科の時代から実践されてきた、コマやストロー笛など身近にあるものを利用して作って遊ぶ活動とか「はしりもの・かわりだね」などの実践が、引き続き取り組まれている。これらはどれも、子どもたちがおもしろがって意欲的に取り組む活動であり、そこには共通点を指摘することができる[8]。

　素朴に厚紙を使ってつくるコマにも、子どもたちはおもしろがって意欲的に取組む。「牛乳キャップのコマづくりから」始まり「10cm四方の厚紙のコマ」などを経て、最後は「世界で一つしかないコマ」をつくり「晴れてコマ回し大会」を行う[9]。子どもたちは良く回るコマを、おもしろがって競い合う。止まっていれば不安定で倒れるコマが、安定して回転し続ける。摩擦によってすぐに止まるのが普通のものの動き方なのに、コマは回り続け、動き続けるのだ。ストロー笛をつくって鳴らすと子どもたちは、音が出るときに「くちびるがじーんとしました」というように、ふるえを感じながら音が出ることをおもしろがる[10]。唇にくわえて吹いても震えたりしないのが普通のストローなのに、少し細工をして吹くと震えて音が出るのだ。ポリ袋を使えば、空気をつかまえることができる。「空気は見えないけど、つかまえられる」のであり、「空気を集めたビニールで遊ぶこと」を通して「子どもたちは、空気の弾力性を実感し」、「空気のべんきょうがとってもおもしろい」と言うようになる[11]。存在するものは目に見えるのが普通なのに、空気は存在するのに目に見えないのだ。

　これらの活動については、普通ではない現象がとらえられる、という共通点を指摘することができる。子どもたちは磁石を使った遊びもおもしろがる。磁石も普通ではない。普通は、直接触れることなしに物を動かすことはできないのだが、磁石では離れていても物が動くのだ。

　「はしりもの・かわりだね」の実践においても、「いかに特殊なものに子どもの目が

すばやく向き、興味を持つかがわかります」というように、普通ではないもののおもしろさが指摘されている[12]。秋になると「秋を見つけよう」という活動が、生活科ではよく行われる。それもおもしろいのだが、秋なのにもう冬が、まだ夏が、というような季節のはしり、なごり、季節外れのものも、子どもたちはおもしろがって見つけてくる。春にタンポポを見つけるのもおもしろいのだが、花茎がやたら短いタンポポ、あるいは長いタンポポを見つけておもしろがり、もっと短いの、もっと長いのを、と、どんどん見つけて報告し合う。

　普通とは違うもの、変わったもの、変なものは、子どもたちにとってとてもおもしろい。実験によってとらえられるのは、通常の感覚ではとらえがたいもの、普通にしていたらとらえられないものであり、変なものといえよう。だから、実験そのものが子どもたちにはおもしろいのである。

6　相対的に独立したモノづくり

　第2節で確認したように、実験は人為的・意図的に操作を加え条件を制御する活動の一つであった。同様の活動には、工場や工房でのモノづくり、農作業、調理や食器洗い、掃除や洗濯、さらには子どもの遊びなどがあった。ということは逆に、これらの活動も、実験と同様の役割を果たし得るのである。例えば調理でも、醤油に代えて塩で味付けしたら、こんな感じになるだろう、と予想してやってみて、確かにそうだったと検証できることもあれば、予想以上で、こんな味になるんだという発見をすることもある。

　学問の方法として実験が重要な位置を占めるようになる以前には、主に工場や工房でのモノづくりなどを通して、仮説の検証や発見が行われていた。ガリレオは、それらのモノづくりを参考にしながら、実験を展開していったのである。彼は『新科学対話』（1638年）の冒頭で、「新しい科学者」であるサルヴィヤチに次のように語らせている[13]。

> 　貴方がたヴェネチヤ市民の、あの有名な造兵廠での、日々たえ間ない活動は、研究者達の頭に、思索のための広々とした働き場所を与えているように思われます。わけても機械の工作場が一番でしょう。たえず大勢の職工達があらゆる型の器具や機械を運転したり作ったりしていますし、その連中のうちには代々の経験を受継ぎ、また自分自身で

も観察をして、ゆきとどいた知識をもち、おまけにそれを上手に説明する技までも心得ている者が居りますから。

このヴェネチヤ共和国の造兵廠（造船所）は、当時、約2000人が働く大規模な造船所であった。ガリレオは1592年にパドア大学数学教授となったが、その際に共和国から造船所の顧問にも任命され、実際に職工たちと親しく交流していた[14]。『新科学対話』においてガリレオは、この造船所の作業中に発見されていた「わけがわからない」現象について、すなわち「部分々々の割合が完全に一致している大小二つの機械がある場合に、小さい方は、破壊試験にかけたとき、設計通りに丈夫であるのに、大きい方がそれに耐えられないのはなぜであるか」[15]を問題としてまず取り上げ、論を進めていく。関連する「機械学及び運動の理論についての各種の問題が提出され、それらについての種々な間違った考えが述べられ、かつ批判され」るのだが、「批判はすべて事実の観察と実験とを根拠として行われ」、そのうえで「この結果を積極的に展開し、新しい科学を樹立」していく[16]のである。

ガリレオは大学の近くに小さな工房を建て、有能な職人を雇い、そこで計算尺や汲み上げポンプ、望遠鏡を製作し、販売していた[17]。この工房ではモノづくりのための機械や道具が設置され、それらを動かして上記以外の機器や実験装置なども製作されていたと考えられる。ガリレオは、この工房でのモノづくりを通して、実験を行っていたのである。

このように、実験は、一般的なモノづくりから相対的に独立した特殊なモノづくりなのである。

7 実験装置が製造装置に

実験を物の生産としてとらえる、そのようなとらえ方について、筆者は戸坂潤（1900-45）の議論を参考にしている[18]。戸坂は1941年に論文「生産を目標とする科学」[19]を発表した。科学の中には生産を目標とするものがあり、それらに着目する必要がある、ということを戸坂は主張したかったのではない。一般的に、科学の目標は、認識ではなくて物の生産なのではないか、というのである。戸坂が同年に発表した「技術へ行く問題」[20]と「技術と科学との概念」[21]においても、同様のとらえ方が「ラジウムの発見」を例にして説明されている。

戸坂は、「キュリ夫妻がアメリカのラジウム会社創立者のために、実験室におけるラジウム製造の過程をそのまま細かく書き送ってやったこと」に着目し、これが一面においては「全く学術上の報告論文の発表」であり、他面では、それがそのまま「産業技術の公開というものである」と指摘する。そして、この一致が「ラジウムという新元素の発見＝製造の場合であったから、成り立ったのではあるが」、「科学と技術との直接の結び付きを、改めて示唆するように思われた」というのである。そのうえで戸坂は、「科学の実験的研究なるもののクライマックスは、何と云っても物質を現実に造るということではないか」、「派生的な実験はとに角として、実験とは原則として」「物の生産ではないだろうか」、「認識がなり立つ時は、すでに物の一定の生産が行なわれている時」であり、「科学的認識はつまり科学的な『物の生産』の一結果に他ならぬ」というのである。

　この、ラジウムの発見と同様のことは、最初の原子炉においても見られる。

　シカゴ大学のフットボール競技場西スタンドの半地下スクワッシュ・コートに造られていた実験用原子炉で、天然ウラン使用の核分裂連鎖反応が起こり、その理論が実証されたのは1942年12月2日のことであった。しかし、この原子炉は「軍と政府によるプルトニウム爆弾製造計画の一環としてのみ、資金、資材をふんだんに与えられて実験、建設が可能になった」ものであった[22]。そのため、この原子炉はすぐに解体されて別の研究所に移され、再び組み立てられて稼働し、さらにそれを改良した大型の原子炉も建造され、プルトニウムが生産され続けていったのである[23]。

　このように、最初の原子炉は、核分裂連鎖反応の理論を実証するための実験装置であったが、プルトニウムを生産する製造装置でもあった。実証された理論を適用・応用して、プルトニウム製造装置が開発・構築されたのではなく、実証するための実験装置が製造装置にもなったのである。

　戸坂が言うように、実験が物の生産であるからこそ、このようなことが起こるのではないだろうか。

8　科学の基礎研究におけるモノづくり

　日本では、1995年に制定された「科学技術基本法」に基づき、5年間ごとの「科学技術基本計画」が策定・実施されてきた。基本的には、政策目標に基づく研究の重点化・効率化が、競争的な研究資金の拡大と基盤的研究資金の縮小とによって図られ

○ 第6章　実験の役割は仮説の検証だけではない

てきた。現在は第5期（2016年度から5ヶ年）に当たる。この間の成果として「重要性の高い研究領域への重点投資、世界トップクラスの競争力を持つ研究拠点や大型研究設備の整備、競争性の高い人事システムの導入促進等を通じて、我が国の国際競争力を高めてきた」[24]とされる一方、課題として「我が国の科学技術イノベーションの基盤的な力が近年急激に弱まってきている点」[25]が指摘されている。そのため、「科学技術イノベーションの基盤的な力の強化」として、「人材力の強化」「知の基盤の強化」「資金改革の強化」が目指されているのだが、基礎研究については「戦略的・要請的な基礎研究の推進」[26]が図られるなど、基礎研究まで重点化されようとしている。

　ここで、「科学技術イノベーション」については、「科学的な発見や発明等による新たな知識を基にした知的・文化的価値の創造と、それらの知識を発展させて経済的、社会的・公共的価値の創造に結びつける革新」のことと説明されている[27]。新たな科学的な知識を生み出し、その知識を応用して技術革新は実現される、というとらえ方なのである。

　しかし、そのようなとらえ方に立って科学技術基本計画を策定・実施してきた結果として、「我が国の科学技術イノベーションの基盤的な力が近年急激に弱まってきている」のであった。科学と技術との関係について、そもそもの所に立ち返ってとらえ直してみる必要がある。

　応用研究ではなく、科学の基礎研究において実施される実験も、物の生産・モノづくりとしてとらえることができる。自由な基礎研究が多様に展開されるということは、それだけ多種多様なモノづくりが試みられている、ということになる。それは、新しい技術開発がそれだけ多種多様に試みられているということであり、実用化につながる可能性を広げることでもある。

　技術革新を促すためには、研究の重点化・効率化よりも、基礎研究も含めた多様な研究の保証・促進こそが、重視されるべきではないだろうか。

　実験とは、一般的な物の生産から相対的に独立して行われる物の生産であり、通常の感覚ではとらえられない現象を、とらえやすい現象に変換する活動なのである。その結果として、仮説の検証や新しい現象の発見といった役割を、果たすことができる。

【注】
1 文部科学省『小学校学習指導要領解説理科編』2017 年 7 月、pp.14-15。
2 北林雅洋「地球の特徴がとらえられる宇宙の学習」三石初雄・中西史編著『理科教育』一藝社、2016 年、pp.135-145、参照。
3 前掲 1、p.15。
4 『戸坂潤全集』第 1 巻、勁草書房、1966 年、p.122、参照。
5 豊田利幸責任編集『世界の名著 21　ガリレオ』中央公論社、1973 年、pp.37-41。
6 中学理科 1 分野（上）、学校図書、1997 年、p.20、など。その後の教科書では、紹介されることはなくなったようだ。
7 田中実『教師のための自然科学概論』新生出版、1981 年、pp.76-77。
8 北林雅洋「生活科の自然遊び・ものづくりのおもしろさとは」『日本理科教育学会四国支部会報』第 31 号、2012 年、pp.41-42、参照。
9 笠井守「コマづくりを通して、ものづくりの本質を問う（小 1）」『理科教室』2002 年 8 月号、pp.25-27。
10 草野幸子「笛をつくろう」『理科教室』2006 年 10 月号、pp.34-39。
11 小林桂子「『空気』にはまった 2 年生」『理科教室』2006 年 10 月号、pp.28-33。
12 小石川秀一「低学年の野外活動—はしりもの・かわりだね—」『理科教室』1980 年 6 月号、26 頁 -31 頁。
13 今野武雄・日田節次訳『ガリレオ・ガリレイ　新科学対話（上）』岩波文庫、1937 年、p.21。
14 大沼正則『技術と労働』岩波書店、1995 年、p.97。
15 前掲書 13、p.22。
16 同上、p.20。
17 前掲書 5、pp.55-56。
18 北林雅洋「戸坂潤が「生産を目標とする科学」において試みたこと—「物の生産」に基礎を置く科学観の徹底—」『科学史研究』第 269 号、2014 年 4 月、pp.67-83、参照。
19 『戸坂潤全集』第 1 巻、勁草書房、1966 年、pp.356-358。
20 同上、pp.359-361。
21 同上、pp.352-355。
22 前掲書 14、p.227。
23 山崎正勝・日野川静枝編著『原爆はこうして開発された』青木書店、1990 年、pp.105-119。
24 「科学技術基本計画」（2016 年 1 月 22 日、閣議決定）、p.3。
25 同上、p.4。
26 同上、p.30。
27 同上、p.3。

第7章

「科学的」は多くの科学者による承認を前提としない

北林雅洋

○ 第7章 「科学的」は多くの科学者による承認を前提としない

> 「科学的」について、学習指導要領のとらえ方は特異な科学観に基づいている。それは学習指導要領だけでなく、日本政府としてのもののようである。しかし、そのようなとらえ方に立っていると、最新の科学研究の成果が活用されることはなく、科学が有効に機能しない。ここでは、科学を有効に機能させることを念頭に置いて、「科学的」ということをとらえ直してみる。

1 科学的根拠が不十分＝科学的根拠がない？

　日本における年間の自然放射線量は 2.1mSv と推定され、それに追加被ばく線量 1mSv を加えると 3.1mSv となり、これはアメリカやヨーロッパの多くの国々の自然放射線量とほぼ同等になる。従って、日本で「年間 3mSv までの放射線に晒される住民を、健康管理調査の対象に含めなければならないとすると、年間 3mSv までの放射線を被ばくする住民が暮らす多くの国々で、放射線のための健康管理調査を実施すべきであるということになる」。
　これは、国連特別報告者であるアナンド・グローバー氏の「報告書」に対する「日本政府見解」(2013 年 5 月 23 日)[1] の一部で、初等理科教育法などの授業で学生たちに示し、意見を求めている。ほとんどの学生がこれに納得してしまう。確かに、単位が同じ量なので足し算することができるし、その計算結果も間違っていない。
　しかし、それぞれの量の意味をふまえると、足し算しては意味がなくなる量なのである。自然放射線量は、人間の力では変えることができない量、人間の存在・意識とは独立に地域ごとの自然条件によって定まってしまう量である。追加被ばく線量は、人為的なもの、人間活動による量であって、人間の力によって変えることができる。通常の生活における人為的な被ばくをできるだけ少なくするために、その基準として年間 1mSv が採用されている。従って、追加被ばく線量に自然放射線量を加えて、それらの総量で考えると、人為による影響を抑える目標が見えなくなってしまう。
　このような無理解を示してしまった「日本政府見解」だが、「科学的」の用い方においても論理の飛躍があり、その非常識さも示してしまった。すなわち、福島原発事故による「追加被ばく線量が、年間 1mSv の地域に暮らす住民に、健康管理が必要であるとの主張に対する科学的根拠が不十分で」、そのため「国連特別報告者の勧告

は、科学的根拠がない」と批判したのである。

　当たり前のことだが「不十分」と「ない」とでは意味が大きく異なる。ところが「科学的」が関わってくると、違和感なく用いられてしまうようである。科学的根拠がしっかりそろわないと、「科学的根拠がない」ことにされてしまう。十分ではないにしても一定の科学的根拠があることとして、尊重されるべきはずなのにである。

　これと同様の扱いが、福島原発事故後に文部科学省が作成した『放射線副読本』の記述においても見られる。2011年10月に公表された副読本（中学生用）では、「短い期間に100mSv以下の低い放射線量を受けることでがんなどの病気になるかどうかについては明確な証拠は見られていません」と記述されていたのが、2014年2月公表の副読本（中学生・高校生用）では「100mSv以下の低い放射線量を受けることで将来がんなどの病気になるかどうかについては様々な見解があります」という記述に変わった。この記述の変化は、その間に発表されたり紹介されたりした研究成果を反映している。100mSv以下の低線量被ばくであっても、健康への影響があるという疫学的研究の結果が示されたのである[2]。

　それにしても、「様々な見解があります」では、これらの研究成果を尊重しているとは、とても言えない。疫学的研究の結果には未解明な点が残るし、いくつかの疑問点も指摘される。だからと言ってそれらは、「科学的根拠がない」ものではない。そもそも、「様々な見解」という表現では、「影響がない」ことを示す研究結果があるかのような誤解を与える。「影響がない」ことを示す研究結果は、これまでに示されたことがない。科学研究の進展によって、「影響がない」とは言えないことが、いっそう明確になってきたのである。ちなみに、2011年10月26日まで、原子力安全委員会の「放射線防護の線量の基準の考え方」では、「100mSv/年以下では健康への影響はない」となっていた[3]。これこそ、科学的根拠がないものである。

2　恣意性を隠すための「科学的」

　2017年7月28日に「科学的特性マップ」が公表された。経済産業省資源エネルギー庁のホームページには「科学的特性マップ公表用サイト」が設けられ、関連する情報が確認できるようになっている。高レベル放射性廃棄物の「最終処分の実現」に向けて、「国が前面に立って取り組むこと」になり、「そのための具体的な取組として、地域の地下環境等の科学的特性を全国地図の形で分かりやすく」まとめたのが

○ 第7章 「科学的」は多くの科学者による承認を前提としない

「科学的特性マップ」だということである。

　そして、この全国地図には、高レベル放射性廃棄物の地層処分に「好ましくない特性があると推定される地域」がかなり狭い範囲で示され、それ以外の地域は「好ましい特性が確認できる可能性が相対的に高い地域」とされ、さらに後者の地域の中で輸送の安全性の観点から好ましい範囲については、「輸送面でも好ましい地域」として示されている。

　この「科学的特性マップ」によると、高レベル放射性廃棄物の地層処分に「好ましい特性が確認できる可能性が相対的に高い地域」は、かなり広範囲に存在することになる。しかし、「地層処分に関する地域の科学的な特性の提示に係る要件・基準の検討結果（地層処分技術WGとりまとめ）」（2017年4月）[4]に基づいて検討の経緯を確認すると、このマップは実際には、地層処分に好ましくない場所を最小限の範囲で示しただけのマップだということが明らかになる。さらに詳細な科学研究の成果に基づくなら、地層処分に好ましくない場所の範囲は大きく拡大すると予想される。また、高レベル放射性廃棄物の地層処分に「好ましい特性が確認できる可能性が相対的に高い地域」と言い表すことが不適切であることも、明らかになる。

　地層処分WGでは、地層処分に「好ましくない範囲」と「好ましい範囲」のそれぞれについて、「要件・基準の設定可能性について検討」された。その際「用いる文献・データ」については、「品質が確保され」「全国規模で体系的に整備されるなどにより地域間のデータが客観的に比較可能」で、「現時点で一般的に入手可能」なものに限定された。科学研究の成果を最新のものまで含めて網羅的に検討したのではなく、ごく限られた科学的知見だけに依拠して作成されたのが「科学的特性マップ」なのである。例えば火山・火成活動（マグマの影響範囲）の「使用文献・データ」は、日本の火山（第3版）（産業技術総合研究所地質調査総合センター、2013）、日本の第四期火山カタログ（第四期火山カタログ委員会、1999）と示されているだけである。

　さらに、「要件・基準の検討」の結果、「好ましくない範囲」については全ての項目で要件・基準を設定することができたのに対し、「好ましい範囲」については、「要件を定性的に抽出することは可能であるが、具体的な基準の設定は現時点ではほとんどの要素に対して困難である」として、その要件・基準は設定されなかった。ただし、「輸送時の安全性」に関しては「好ましい範囲」の要件・基準が設定可能とされ、それが示された。これらの検討結果を受けて、好ましくない範囲の要件・基準に一つでも該当する地域は「好ましくない特性があると推定される地域」として、それ以外の地域は「好ましい特性が確認できる可能性が相対的に高い地域」とされたのである。ここで、ほとんどの要素について「好ましい範囲」の要件・基準は設定できなかった

のだから、「好ましい」という言葉を用いるのは不適切である。

　極めて限られた科学的知見のみに依拠して、高レベル放射性廃棄物の地層処分に「好ましくない」場所の範囲を最小限にしておいて、それ以外の広範囲な地域を「好ましい」という言葉を用いて言い表すのは、とても恣意的なことであって、「科学的特性」を示すものではない。恣意的に区分された特性を客観的なものであるかのように見せるために、「科学的」が用いられている。

3　多くの人々によって承認されるという条件

　このような日本政府の「科学的」の用い方は、学習指導要領に示された「科学的」のとらえ方に対応したものとなっている。学習指導要領の『解説』では、「科学的」について下のように説明されている[5]。科学の特徴の一つとして客観性が重視されるのだが、ここでの客観性には、意識・主観とは独立にという意味は含まれていない。

> 科学が、それ以外の文化と区別される基本的な条件としては、実証性、再現性、客観性などが考えられる。…客観性とは、実証性や再現性という条件を満足することにより、多くの人々によって承認され、公認されるという条件である。「科学的」ということは、これらの条件を検討する手続きを重視するという側面からとらえることができる。

　これによれば、多くの人々に承認され、公認されていない段階では客観性が十分ではないため、「科学的」とは言えないことになってしまう。このようなとらえ方に基づいているからこそ、最新の研究成果は多くの人々に承認されているわけではないため、それについて「科学的特性マップ」作成には利用しないとか、「様々な見解」の一つとして扱うとか、「科学的根拠がない」ものとみなしたりする、そういうことを日本政府は行えたのであろう。

　上記の「科学的」についての説明は、1998年に改訂された学習指導要領の『解説』で初めて示された。そこには、次のような特異な科学観も示されていた[6]。

> 科学の理論や法則は科学者という人間と無関係に成立する、絶対的・普遍的なものであるという考え方から、科学の理論や法則は科学者という人間が創造したものであるという考え方に転換してきている…。この考え方によれば、科学はその時代に生きた科学

○ 第7章 「科学的」は多くの科学者による承認を前提としない

者という人間が公認し共有したものであるということになる。科学者という人間が公認し共有する基本的な条件が、実証性や再現性、客観性などである。

ここで言われる科学についての新しい「考え方」が、どのような議論を指すのかは明示されていない。おそらく、1970年代から80年代に翻訳が出版されて、多くの読者を得た、トーマス・クーンの「パラダイム」論[7]やP.K.ファイヤアーベントの「知のアナーキズム」論[8]、あるいはそれらの議論を平易化して紹介した村上陽一郎の科学論[9]などが、参考にされたものと思われる。しかし、それらにおいて、科学の法則について「科学者という人間が創造したもの」と明言しているものはない。ニュートンは万有引力の法則を発見・定式化したのであって、それを創造したのではない。法則まで人間が創造したものととらえている点において、学習指導要領の『解説』に示された科学観は特異である。

クーンは「パラダイム選択の問題が、論理や実験だけですっきりと決められない」のであり、「政治革命におけると同様、パラダイムの選択においても、真偽を決する上に、関係者の集団的同意より以上の高い基準というものはない」[10]と論じている。村上によれば、科学の「理論は、データから、帰納によってつくられる」のではなく、逆に「『事実』が科学理論によって造られるものと考えられる」のであり、従って「科学の客観性」とは「科学者の共同体」のなかだけで「保証されている」[11]、というのである。これらの議論が依拠する「科学的事実の理論依存性」に関しては、本書の第5章において、その意味を認知科学に基づいて説明し、そのうえで「実物」をしっかりととらえるために必要なことが論じてある。しかし、クーンやファイヤアーベント、村上の議論では、「実物」との関係は論じられないのである。

これらの議論において、よく取り上げられる科学史上の事例の一つに、天動説から地動説への転換がある。

地球が自転・公転していることを示す決定的事実としてよく挙げられるものに、フーコーの振り子（1851年）、年周視差の測定（1838年）、光行差の発見（1727年）がある。しかし、これらはコペルニクス（1473-1543）やガリレオ（1564-1642）の時代にはまだ確認されていなかった。決定的事実ではなく、他の何に基づいて地動説への転換がなされたのか、その点をめぐって「パラダイム」論等が展開されてきたのである。

4　天動説と地動説が共に直面していた困難

　子どもたちの多くは、自分たちが立っている大地が「丸い」ことを初めて知ったとき、「反対側の人が落ちてしまうのではないか」と疑問に思い心配する。古代ギリシアのアリストテレス（BC384-322）は地球球体説を唱えたが、その当時も多くの人が同様の疑問を持った。それでも大丈夫だと彼らが納得できたのは、天動説によってであった。すなわち、宇宙全体に比べて地球はとても小さいけれども、地球は宇宙の中心にあって動いておらず、土の元素を多く含むものは中心に向かう性質があるので、丸い地球の反対側の人も中心に向かって立っていられるのだ、というのである。
　丸い地球が動いているととらえる地動説は、従って、当時の人たちにはとても受け容れ難いものであった。それでも、アリストテレスと同時代にも、その少し後の時代にも、地動説を唱える者が現れた。たとえばアリスタルコス（BC310頃 - 230頃）は、月と太陽の大きさを観測と計算に基づいて導き出し、太陽が地球よりもはるかに大きいことを確認し、大きな太陽が小さな地球の周りを回るのは不自然だと考え、地動説を唱えた。
　そのような地動説に対して天動説の側から、疑問が提出される。一日かけて地球が動いている（自転している）というのであれば、動く速さはかなりのものになり、飛び立った鳥はついていけなくて巣に戻れなくなり、空中にあるものは置いていかれてしまうのではないか、というのである。
　しかし、このような疑問は天動説に対しても当てはまる。そのことを天動説の側も自覚していた。すなわち、一日かけて太陽が地球の周りを動いているなら、地球から太陽まではとても離れているので、このときの太陽が動く速さは地球の自転の速さどころではなく、想像を絶する速さになってしまうのだが、そのようなことが本当にあり得るのか、という疑問である。
　天が動くにしても地球が動くにしても、どちらも想像を絶する速さになってしまうという困難に直面する。
　アリストテレスは、このような疑問についてよく承知していたので、次のようなとらえ方を示していた。すなわち、地上の世界と月より上の星の世界とは別世界であり、物の動き方を支配する法則も世界を構成する元素も異なる、というのである。そして、宇宙の中心にあるとはいえ地球は宇宙全体に対してとても小さく、その小さな

○ 第7章 「科学的」は多くの科学者による承認を前提としない

地球上で成り立つことが宇宙全体でも成り立つといえるのかと、アリストテレスは問うのであった。

このように、天動説は、地上の世界と星の世界とは別世界だとすることで、日常のこの世界が成り立っていることを理解し納得したのである。

他方、地上で成り立つ法則が星の世界でも成り立つことを示し、地球がかなりの速さで動いていても地上での日常の世界が成り立つことを理解し納得できるようになったのが、ガリレオを経てニュートン（1642-1727）によってであった。こうして地動説は、直面していた困難を克服したのである[12]。

天動説と地動説をめぐる問題は、単にどちらが動いているかということではなく、想像を絶する速さで動いているにもかかわらず、身の回りの世界がその速さと無関係に成り立っているという事実を、理解し納得できるかということであった。

現在の理科では、中学3年で地球の自転・公転について学習する。学習する前から、多くの子どもたちは地球が自転し公転している事実を知っている。しかし、地球が動いているにもかかわらず私たちの身の回りの世界がその影響を受けずに成り立っているという事実について、理解し納得できている人は、中学3年の学習が終わった後でも、それほど多くない。

5 事実を理解し納得することのたいへんさ

地動説の学習に限らず、理科では、実験や観察によって事実を確認して、それで終わりなのではなく、子どもたちがその事実を理解し納得するところまで持っていくのに、教師は苦労し、工夫を凝らしている。

私は、初等理科教育法の最初の授業でいつも、小学4年の実践記録、菊池明「熱を伝えるもの・伝えないもの」（『理科教室』2004年1月号、pp.37-42）を印刷・配布して、それを読みながら授業づくりについて検討している。氷を裸にしておいた場合と毛布に包んだ場合とでは、どちらが早く融けるかを予想して確かめる授業で、実験は簡単で結果もはっきりするのだが、菊池氏は「すぐに授業をする気にはならなかった」という。子どもたちは体験的に「毛布は温かくする（なる）」という誤った知識を持っていて、「こういう知識は、打ち砕くのにものすごいエネルギーを使うことを、これまでもいやというほど経験している」からだという。

そこで菊池氏は、もう一つ、発泡スチロールの箱（蓋つき）に入れた氷も加えるこ

とにした。子どもたちの予想は全員一致で、一番早く融けるのが毛布、二番が裸、三番が発泡スチロール、という順番だった。裸の氷より発泡スチロールの箱に入れた氷の方が融けにくいという子どもたちの予想通りの結果とともに、毛布にくるまれた氷が一番融けていないという全く予想外の結果が確認される。すると子どもたちは、しばらく「インチキだ」と文句を言い続ける。絶対の自信があった毛布なので、「結果はどこかに吹っ飛んでしまう」。しかし、発泡スチロールの結果について、その理由を確認することを通して、子どもたちは毛布の結果についても理解し納得していく。一つの学習課題の中に、子どもたちの予想通りの結果になることと、予想外の結果になることが位置づけられているため、予想通りの結果について理解したことが手掛かりとなって、予想外の結果についても理解できるようになるのである。予想外の結果について、子どもたちが自分の力で理解し納得することができる仕掛けが、見事に組み込まれている。

　熱の伝わり方には一定の決まりがあり、人間にはその決まりを変えることはできない。しかし、その決まりを認識し、その決まりに基づいて事実を理解することは、できるのである。

6　自然の客観性と客観的な認識

　自然は、人間の意識（主観）とは無関係に、一定の規則性・法則性に従って変化する。それが、自然の客観性、自然法則の客観性ということである。それを認め、従うことを抜きにして、私たちは生命・存在を維持できない。

　自然は一定の法則性に従って変化しているので、同じような現象が繰り返されることがある。その現象について、意図的に条件を設定して私たちの感覚でとらえられるものとして再現する、すなわち実験することによって、仮説が実証され、法則性が把握される。その法則性をふまえて、自然についてのより客観的な認識が獲得されていくのである。

　科学研究の成果は客観的な認識ではあるが、自然の全てをとらえ尽したものではない。未解明の部分や不確実な部分を含む。確実な認識が得られた結果として、何が未解明で、どこに不確実さがあるかが、よりはっきりする。だから、研究は次々と進展していくのである。何が不確実かということも含めて、科学研究の成果なのである。

　前述のように、学習指導要領『解説』に示された「科学的」は、法則を「科学者と

いう人間が創造したもの」ととらえ、自然法則の客観性を認めないでおいて、科学的認識の客観性について説明しようとして、科学者に公認されることを客観性の条件に位置づけた。しかし、実際にはその逆で、客観性がある認識だからこそ、多くの人に承認され公認されていくのである。

たとえば、フロンガスによるオゾン層の破壊に関して、科学者が最初に警告を発した研究論文は『ネイチャー』誌に掲載され、社会的に大きな影響を与えたのだが、それは3ページ弱の短いものであった[13]。しかもそれは、それまでに実験室内で確認されていた化学反応と計算とに基づく理論的な研究であり、オゾン層が実際に破壊されていることを示すデータどころか、成層圏で実際にそのような反応が起こっている証拠も、フロンガスがオゾン層まで達していることを示すデータすら、未確認であった。当然、仮説にすぎないという批判も起こった。未解明な部分を残し、不確実さを含んでいたとしても、その認識に客観性があったからこそ、やがて公認されていったのである[14]。

7 進展する科学研究に依拠した「予防原則」

危険性が確実に証明されたわけではないので規制を加えることはできない、という対応を繰り返し、水俣病をはじめとする公害問題や環境問題の深刻化を、私たちは経験してきた。しかし、フロンガスによるオゾン層の破壊問題を通して、不確実さがなくなるまで対応を待っていては取り返しのつかない事態になりかねないので、予防的な措置を行う必要がある、という共通理解のもと、国際的な取り決めが実現するようになってきた。「予防原則」が重要視されるようになってきたのである。

大竹千代子らによれば、「予防原則」の定義については「たくさんある」とか「まだ確立されていない」など、研究者や行政官の間でもさまざまな異なる意見があるが、予防原則を推進している国際組織、各国政府、あるいはNGOが採用している概念は、大半が「リオ宣言第15原則」に依拠しているということである[15]。

1992年の国連環境開発会議で採択された「環境と開発に関するリオ宣言」の「第15原則」は、次のようになっている[16]。

環境を保護するため、予防的方策は、各国により、その能力に応じて広く適用されなければならない。深刻な、あるいは不可逆的な被害のおそれがある場合には、完全な科

学的確実性の欠如が、環境悪化を防止するための費用対効果の大きい対策を延期する理由として使われてはならない。

ここで示されている考え方には、1987年に締結されたオゾン層保護のための「モントリオール議定書」において共有された考え方のうちの、重要な部分が抜け落ちてしまっている。

「モントリオール議定書」は「前文」で、「科学的知識の発展の成果に基づきオゾン層を破壊する物質の放出を無くすことを最終の目標として、この物質の世界における総放出量を衡平に規制する予防措置をとることによりオゾン層を保護することを決意」したと、宣言している。ここで示された「科学的知識の発展の成果に基づき」ということの具体化が「第6条　規制措置の評価及び再検討」である。そこには次のように、進展する科学研究の成果に基づいて規制措置を定期的に再評価していく、という考え方が示されていた。「締約国は、1990年に及び同年以降少なくとも4年ごとに、科学、環境、技術及び経済の分野の入手し得る情報に基づいて、……に定める規制措置を評価する」[17]。この議定書の締結に向けて大きく動き出すきっかけとなった「ウィーン条約」交渉（1985年1月〜3月）の中で、再評価に関する同意が得られ、予防措置の考え方が共有されていったのである[18]。

このように、不確実さが残っていても予防措置をとる、という考え方は、その後の進展する科学研究の成果に基づいて定期的に再評価する、という考え方とセットになって、共有されていったのである。

科学研究は、さまざまな手法・方法を工夫して多様に展開されている。特定の特徴的な方法や手続きによって科学を代表させ、それを満たせば「科学的」だとしてしまうと、それに当てはまらない多くの科学研究の成果は「科学的ではない」ことになってしまいかねない。それでは、科学研究の成果は活用されにくくなる。現代社会において科学を有効に機能させるためには、「科学的」を狭くとらえず、科学研究の成果に基づくものは全て「科学的」なのだというように、広くとらえる必要がある。

【注】
1　引用は、ヒューマンライツ・ナウ翻訳グループの仮訳による。http://hrn.or.jp/wpHN/wp-content/uploads/2015/11/130627-Japanese-Government-opinion.pdf、参照。
2　津田敏秀「医学情報の科学的条件―100mSvをめぐる言説の誤解を解く―」『科学』2013年11

○ 第7章 「科学的」は多くの科学者による承認を前提としない

  月、pp.1248-1257、など。
3　http://www.polano.org/13_f1/img/01_20111026.pdf、参照。
4　http://www.meti.go.jp/press/2017/04/20170417001/20170417001-2.pdf、参照。
5　文部科学省『小学校学習指導要領解説理科編』2017年7月、p.17。
6　文部科学省『小学校学習指導要領解説理科編』1999年5月、p.14。
7　トーマス・クーン『科学革命の構造』みすず書房、1971年。
8　P.K. ファイヤアーベント『方法への挑戦―科学的創造と知のアナーキズム―』新曜社、1981年。
9　村上陽一郎『新しい科学論―「事実」は理論をたおせるか―』講談社、1979年。
10　トーマス・クーン、前掲書、pp.106-107。
11　村上陽一郎、前掲書、pp.172-188。
12　この節については、高橋憲一訳・解説『コペルニクス・天球回転論』みすず書房、1993年、参照。
13　Mario J. Morina & F. S. Rowland "Stratospheric sink for Chlorofluoromethanes : chlorine atom-catalysed destruction of ozone", Nature, 249(1974): 810-812
14　フロンガスによるオゾン層破壊問題の歴史的経緯については、北林雅洋「環境問題と20世紀科学」渋谷一夫ほか『科学史概論』ムイスリ出版、1997年、pp.176-183、参照。
15　大竹千代子・東賢一『予防原則』合同出版、2005年、pp.16-18。
16　https://www.env.go.jp/council/21kankyo-k/y210-02/ref_05_1.pdf、参照。
17　https://www.env.go.jp/earth/ozone/montreal/Montreal_protocol.pdf、参照。
18　リチャード・E・ベネディック『環境外交の攻防―オゾン層保護条約の誕生と展開―』工業調査会、1999年、p.72。

第8章

教育の目的論は
学ぶ目的を論じるのではない

北林雅洋

○ 第8章　教育の目的論は学ぶ目的を論じるのではない

　理科教育の目的を検討することについて、それを何のために行うのか、確認するところからとらえ直してみる。教師が検討し、明らかにしておく必要があるのは、理科を学ぶ目的ではなく、理科を教える目的である。それについて、何に基づいて、どのように考えていけばよいのか。

1　理科を学ぶ意義を実感するとは？

　何のために理科を勉強するのか、これを勉強して何の役に立つのか、このような疑問を子どもたちは口にすることがある。私が中学校や高校で理科を教えていた時にも、時々あった。その際、私は「それは自分で考えることだよ、どう役立たせるかはあなた次第だよ」と、半ばその場しのぎのような感じで答えていた。私なりの考えを説明しても、彼らは納得しないだろうし、そのような説明を私に求めているわけでもないだろうと感じたからである。授業を改善してほしい、ということだと受け止めていた。大学で教えるようになって、ある学生が「そういう疑問を持つことなく、大学に入学した」と言った。「理科はずっと面白かったから」と、その学生は説明してくれた。私は、なるほどと思った。子どもたちにとって授業が面白いものとなっていれば、理科を学ぶ意義について疑問を口にすることは、ほとんどないと思われる。

　2008年1月の中央教育審議会答申において、理科の改善の基本方針（全5項目）のひとつに、「理科を学ぶことの意義や有用性を実感する機会を持たせ、科学への関心を高める観点から、実社会・実生活との関連を重視する内容を充実する方向で改善を図る」ことが位置づけられた[1]。実社会・実生活と関連づけた内容を充実させることが、理科を学ぶ意義を実感することにつながる、というのである。しかし、日本では理科という教科が誕生して以来ずっと、生活と関連づけた学習は重視され、それが試みられてきたはずである。にもかかわらず、いまだにそのことが改善の基本方針として強調されるのは、その成果が現れていないことを物語っている。

　理科は生活に役立つ、ととらえる生徒の割合が日本は低いということが、教育の国際比較調査のたびに指摘され、問題にされてきた。そのこともあって、日常生活との関連を図ることが強調されてきたのだが、この割合の低さは、理科あるいは科学に対するイメージの問題性を反映しているものとは、必ずしもいえないのではないか。実

は、日本の子どもたち（大人も含めて）の「生活」に対するイメージの貧困を表しているという面もある。

2 「生活」のとらえ方の狭さ

　例えば、平成16年度文部科学省委嘱研究報告書として日常生活教材作成研究会がまとめた『学習内容と日常生活との関連性の研究―学習内容と日常生活、産業・社会・人間とに関連した題材の開発―』（2005年3月）では、関連づける生活が産業や製品・職業を中心に、限定的にとらえられている。

　科学と生活との関係をめぐる議論は、もっと広い視点から論じられていたという歴史がある。日本で最初に『科学方法論』『科学論』と題する本を著した戦前の哲学者、戸坂潤は、『科学方法論』[2]の冒頭で、「空疎な興奮でもなく、平板な執務でもなくして、生活は一つの計画ある営みである」と述べていた。これは、実際に繰りひろげられている生活のなかに科学的なもの見出し、そこに生活の本質をとらえようとする、そのような生活のとらえ方の表明であるとともに、生活に密接に関わるものとして科学をとらえようとする宣言でもあった。その戸坂潤も含めて、1936年以降は「科学的精神」を強調する議論が活発に展開された。そして1940年に入ると、それらの議論は「生活の科学化」に関するものへと焦点化されていった[3]。

　1941年5月27日に閣議決定された「科学技術新体制確立要綱」においても、「科学精神の涵養方策」のひとつとして「国民生活の科学化」が位置づけられ、「国民生活科学化協会」などを中心に「生活の科学化」運動が全国的に展開されていった。さらに、敗戦直後の文部省『新教育指針』（1946年5月～47年2月、5分冊）では、第1部後篇「新日本教育の重点」第4章「科学的教養の普及」において、「日本国民の科学的水準が低いのは何ゆえであるか」と問い、「生活の科学化が不十分であった」ことをその原因のひとつとして指摘していた。しかし、その「指針」を具体化した「生活単元学習」では、「科学教育の材料を生活の環境から選」ぶことになった（文部省『学習指導要領・理科編（試案）』1947年）。そして「系統学習」への転換といわれる1958年の学習指導要領では、理科の基礎的事項の選択は「学問の基礎という立場を離れて、生活や産業の基礎という立場から習得すべき知識を選択し、まとめ」られた（中学校理科『指導書』）[4]。

　もともと、生活のなかに科学的なものを見出し、科学にもとづきながら生活をとら

え直す、そのような文脈で問題にされていた科学と生活との関係が、戦後の「生活単元学習」以降、理科教育においては、生活の中からいかに題材を選ぶかという問題として主に論じられてきたといえる（その選び方に、全面的か部分的かという違いはあったのだが）。

　他方、理科に限らず、学校教育と生活とを関連づけること、結びつけることの意義と重要性は、これまでも繰り返し強調され、その方策も論じられてきた。古くは戦前の「生活教育」の主張および「生活教育論争」の展開[5]に遡ることができる。ただし、そこで注目された「生活」は主に地域での生活、家庭での生活であって、学校での生活は位置づけられていなかった[6]。いうまでもなく、学校の授業も生徒の生活の一部である。時間的に見ても生活のかなりの部分を占めている。理科以外の授業も、理科との関連が図られるべき「生活」として位置づけられ得る。そういう視点が、従来の議論では欠落していた[7]。他教科の教科書には多くの理科的な内容が掲載されており、多様な関連づけ方が可能である[8]。

3　子ども自身による生活との関連づけ

　理科において生活との関連づけを図ろうとする従来の議論に欠落していたもう一つの視点は、関連づける主体に関するものである。関連づける主体として念頭に置かれてきたのは教師に限られてきた。実際の授業においては、子ども自身が生活と関連づけている場面があり、その場面を大切にすることも重視されなければならない。その場面とは、子どもたちがおもしろいと感じながら学んでいる時である。多くの場合その時には、子どもたちが生活を通してとらえてきた「普通」が揺さぶられている。

　本書の第6章では、実験そのもののおもしろさについて確認した。そのおもしろさは、生活科において子どもたちがおもしろがる活動と共通していた。すなわち、普通とは違うものをとらえられるおもしろさである。

　この点をふまえると、教師による生活との関連づけを図った指導も、子どもたちが面白いと感じられるものでなければ意味がなくなる。そのように子どもたちが感じられる学習では、理科を学ぶ意義も実感されているといえよう。

　学習指導要領の『解説』でも、同様な視点が次のように強調されるようになった[9]。

　　国際調査において、日本の生徒は理科が「役に立つ」、「楽しい」との回答が国際平均

より低く、理科の好きな子供が少ない状況を改善する必要がある。このため、生徒自身が観察、実験を中心とした探究の過程を通じて課題を解決したり、新たな課題を発見したりする経験を可能な限り増加させえていくことが重要であり、このことが理科の面白さを感じたり、理科の有用性を認識したりすることにつながっていくと考えられる。

単に観察、実験や探究の経験を増やすだけで、子どもたちが面白いと感じられる授業が実現するわけではない。教師の「様々な創意工夫」が必要になる。学習指導要領の「総則」においても各学校の「創意工夫」が強調され、『解説』では次のように説明されている[10]。

> 学習指導要領は、法規としての性格を有するものとして、教育の内容等について必要かつ合理的な事項を大綱的に示しており、各学校における指導の具体化については、学校や教師の裁量に基づく多様な創意工夫を前提としている。

ところで、「学校や教師の裁量」はどこまで認められるものなのか。裁量の根拠となるもののとらえ方によって、その範囲は変わってくる。

4　人格の完成を目指して

学習指導要領の根拠は学校教育法施行規則、学校教育法にあり、その大本には教育基本法がある。特に、教育基本法第1条「教育の目的」が大前提となる。学校や教師の裁量も、教育基本法に示された「人格の完成を目指し」ているからこそ、認められているととらえられる。

教育基本法は 2006 年に「改正」され、第 1 条の「教育の目的」の表現が変わり、重点の置き方もかなり変わった。「教育の目的」は次のようになった。

> 教育は、人格の完成を目指し、平和で民主的な国家及び社会の形成者として必要な資質を備えた心身ともに健康な国民の育成を期して行われなければならない。

ここでは、旧基本法と同様、二つの目的が示されている。すなわち、「人格の完成」と「国民の育成」である。この両者の関係をどのようにとらえるかは、基本法制

定以来、議論になってきたことである[11]。また、そのとらえ方によって、教育内容を決める権限が最終的には誰にあるのかということが、変わってくる。「国民の育成」が主目的となれば、教育内容を決める権限は国にある、ということになる。

その点で、「旧」に比べて「現行」基本法では「国民の育成」がより強調されるようになった。第2条が、「旧」では「教育の方針」であったのが「現行」では「教育の目標」に変わり、「次に掲げる目標を達成するように行われるものとする」として、5項目の目標が示された。これらの目標は、第1条の「教育の目的」で位置づけられた「平和で民主的な国家及び社会の形成者として必要な資質を備えた心身ともに健康な国民」の、「必要な資質」を示したものとなっている。

このように、現行の教育基本法では「国民の育成」がかなり重視されるようになっている。しかし、それでもまず、「人格の完成」が主目的として最初に位置づけられていることには変わりがない。

ここで、「人格の完成」は、もとの案では「人間性の開発」だった。それは、「すべての人間に共通する人間的豊かさの開花をめざす概念として主張されていた」[12]。そのような意味を含むものとして「人格の完成」を理解するなら、それを平易に言い換えて、「より人間らしくその人らしくなる」と言うことができる。

より人間らしくその人らしくなるための教育には、それにふさわしい教育内容が準備されなければならない。その教育内容を決める権限は、最終的に誰にあるのだろうか。それを明確に把握するために、「子どもの権利条約」(1989年) の第12条「子どもの意見表明権」をとらえ直しておく必要がある。日本国内で同条約が批准される前後の教育論では、それについて、子どもの「参加」を保障するものとして議論されてしまい、その後も十分な検討がなされていないからである。

5 赤ちゃんの意見表明権

子どもの意見表明権のとらえ方の論点は、赤ちゃんにもそれがあるととらえられるかどうかに関わる。子どもの権利条約は1989年の国連総会にて全会一致で採択され、日本は1994年になって批准した。その頃、子どもたちによる翻訳も出版された。子どもたちの翻訳では、子どもの意見表明権は次のようになっていた[13]。

　　赤ちゃんのうちはむりかもしれないけど、少し大きくなったら、自分に関係あるすべ

てのことについて、いろんな意見、思い、考えをもつ。それはみんな、どんどんほかの人に伝えていいんだ。国は、大人たちがぼくらの年や成長をしっかり考えて、きちんと受けとめるように、してほしい。

　子どもたちのこの翻訳では、赤ちゃんにも意見表明権があるとは言えないものと、理解されてしまった。しかし、それは子どもたちだけでなく、当時の教育論のほとんどがそのように理解していたのである。
　田中耕治は「子どもの権利条約」が主張する子ども観は、子どもを保護の対象とのみみなすのではなく、この公共社会の構成員として権利の主体であり、したがって権利実現の過程に子ども自身が積極的に「参加」していくことを促すことが重要で、教育目標の設定においても子どもの「参加」は保障されなくてはならない、という。しかし、そうは言っても子どもがどの領域にどの程度「参加」するのかは、子どもの発達段階や取り巻く諸条件によって具体的に構想される必要がある、と述べる[14]。では、それを具体的に構想するのは誰なのか。この議論の流れからするとそれは大人・教師によってということになる。子どもの「参加」を重視し尊重すると言いながら、無条件にそれが認められるわけではなく、「参加」として認められるものは大人によって限定されることになる。
　喜多明人は「子どもの意見表明権」が、「完全に法的に無力な年齢の子ども」と「より成熟したことから、法が部分的な法的能力を与えることができる子ども」との区分のもとで、後者への人権の法的な適用をはかることに関心が付けられていた、として、それが自己の見解をまとめる力のある子どもを前提として、市民社会や自己に関わる司法・行政面での子ども自身の「参加」を担保することになる、ととらえる[15]。このように「子どもの意見表明権」が前提とするのは「自己の見解をまとめる力のある子ども」であり、赤ちゃんはそれに当たらないととらえる喜多は、その後、子どもたちが自分の意思で人と関わろうとすること、自分の意思でさまざまな活動に参加すること、そのような意見表明・参加への意欲を高めていくプロセスを抜きにして、人々の前で「意見表明・参加権」を行使していく主体が育つはずがない、と思えるようになったという[16]。ここには、権利を行使できる主体に育ち得ていない子どもたちの現状に対する不満が示されている。子どもの権利を尊重することが、その権利を行使できる主体の育成を教育の課題として強調することになり、子どもたちにそのような能力の獲得を強く要請していくことにつながり、さらにそれが権利を行使できない子どもを責め立てる論理に転化することになりかねない。
　このように、子どもの権利条約を受けて教育論において強調されるようになった生

徒の「参加」は、大人のように（大人とほぼ対等に）子どもが「参加」することであって、子どものままの「参加」、子どもらしい「参加」ではない。

　法理論的な検討に基づいて赤ちゃんにも意見表明権があると明確に論じたのは、福田雅章である。福田[17]によれば、条約12条が「その年齢および成熟度に応じて正当に尊重される」としているため、意見表明権が段階的に自己決定権に接近し、その結果、意見表明権を限りなく自己決定権に引きつけて、あるいは不完全な自己決定権と解釈する論者もいるが、審議のたたき台となった当初のポーランド草案に見られるように、本来、年齢や成熟度とは関係のない概念だという。すなわち意見表明権は、自己決定権とは異なる新たな人権であって、能力次元での成熟度を問わず、およそ人間としての独立主体性を自ら実現する具体的な権利であり、その本質は人間関係を形成する権利だというのである。そのことを福田は「自己の存在をそのまま認めてもらえるような人間関係を形成する権利」、「居場所を保障してもらう権利」ともいう。というのも、意見表明権の本質的な重要性を福田は、それが成長発達権の実体的な内容を形成する権利でもあるという点に見出すからだ。欲求や怒りを抑圧・抑制するのではなくて、それらが意見表明として開放されることによって、はじめて子どもたちは自律的主体へ向けて成長発達することが可能になるのであり、したがって意見表明権は成長発達権の内実を形成し、成長発達権は意見表明権なしには保障されないことになる、というのだ[18]。

　このように、赤ちゃんにも認められる「子どもの意見表明権」とは、さまざまな言動を意見表明として読み取り受けとめてもらえる権利、そのように読み取り受けとめてくれる大人たちに囲まれて育つ権利だといえる。したがってそれを尊重するということは、大人のような意見表明を迫ることではなく、まずは子どもがありのままに自由に自己を表現できるようにする、ということである。

　国連子どもの権利委員会では、2005年に「一般的意見7号：乳幼児期における子どもの権利の実施」を採択し、締約国に取り組みを促した。この「意見」では、「乳幼児は条約に掲げられたすべての権利の保有者である」ことが強調され、第12条についても「もっとも幼い子どもでさえ、権利の保有者として意見を表明する資格がある」として、「締約国に対し、…あらゆる適切な措置をとるよう奨励する」ことを表明した。「乳幼児は、話し言葉または書き言葉という通常の手段で意思疎通ができるようになるはるか以前に、さまざまな方法で選択を行い、かつ自分の気持ち、考えおよび望みを伝達している」というように、赤ちゃんの意見表明をとらえ、それを尊重することを求めているのである。

　ところで、教育基本法に示された「人格の完成」のための、すなわち、より人間ら

しくその人らしくなるための教育では、その内容は個々の子どもたちの成長発達に必要とされることでなければならない。その意味で、教育の内容を決める権限は最終的には個々の子どもたちにある、ということになる。ただしそれは、子どもの意見表明権について上で確認したことをふまえるなら、子どもたちに必要な教育内容について意見表明を求めたり、自己決定を迫ったりして決めるということではない。まずは子どもがありのままに自由に自己を表現できるようにし、周りの大人たちがそこから、必要とされる教育内容についての意見表明を読み取り受けとめて、判断していくということである。そこに教師の裁量の根拠があり、求められる専門性がある。

では、より人間らしくその人らしくなるための教育において、理科教育はどのような役割を果たし得るのか。この点については、田中実（1907-78）の議論が参考になる。

6　人間にとっての科学の意味

田中実の科学教育目的論については、1961 年に彼が 4 項目にまとめて示した科学教育の目的[19]が、良く引用される。しかし、田中自身が 1971 年には、その目的のとらえ方について「一種の楽天主義」であったと、明確に批判していた[20]。その後、さらに論考を重ね、模索を続けた田中であったが、その結果として彼が明らかにしたことの一つに、目的の論じ方がある[21]。

田中は、目的を論じるためには、人間にとっての科学や技術、労働の意味を問う必要があることを明確に示すようになった。すなわち「何のために教えるかという、教育の起点をもとめるには、つじつまのあいそうな目的を列挙するよりも、それ以前にしなければならないこと」があって、「人間にとっての労働の意味、人間にとっての科学と技術の意味、さらには『人間らしく』あるとはどういうことかを、問いなおしてみること」が、必要だというのである[22]。

田中は、まず人間らしさを確認し、そこに科学がどのように位置づくのかを、人間にとっての科学の意味を明らかにするところから、始めるべきだというのである。田中自身はそれと明示しているわけではないが、「人格の完成を目指す」教育、より人間らしくその人らしくなるための教育における理科の役割について、論じていたといえる。その結果として、彼は、科学教育の「人類的目的」を次のように明らかにした[23]。

歴史的存在である人間に、つねに疎外を克服して、あたらしい展望をひらく可能性が

そなわっていること（略）。その可能性は、人間が世界をあますところなく認識し、それによって自らの生存と発展をかちとる方法を見出す能力の所有者であること、すなわち科学の所有者であることによって保証されるのだと考えられます。科学の人間にとっての意味をこのようにとらえるなら、科学教育が体制によってどのようなかたちで利用されようとも、人間にとっての科学教育の意味、科学教育の人類的目的はわれわれの追求できる問題になると思います。

人間にとっての科学の意味、人間らしさと科学の関係については、いくつかの視点から具体的に把握することができる。

例えば、人類の起源との関係で、人間にとっての科学の意味をとらえることもできる[24]。人類が直立二足歩行に伴って獲得した道具は、いったん手に持たれると手の延長として、人工的に付け加えられた一つの器官とみなすことができ、この取り換え可能な人工的器官は、生物の自然の器官とは比べものにならない速さで変化することができる。環境に合わせて道具を取り替えたり改良したりする際には、環境について、あるいは道具の材料・性質について等の、自然に関する客観的な認識が必要になる。そのような自然に関する客観的な認識が体系化され、やがて自然科学となった。人工的な器官を用いて主体的に環境に働きかけ、人間らしくより自由に生きていくためには、客観的な自然認識・自然科学が欠かせない。

また、人間らしさの一つの特徴でもある「笑い」との関係で、人間にとっての科学の意味をとらえることもできる。おかしくて笑うというのは、「人間に独特のものである」[25]。本章の最初の方でも引用した戸坂潤によれば、「笑いには必ず一定の予料、予期が仮定されているもので、…この期待がウマウマと裏切られたという意表に出られた意識が笑いとなると共に、…この期待が壺に嵌まるように充たされたという意識が笑いを促す」[26]ということである。科学的な認識が身につけば、それだけ正確な予想が多くできるようになるので、それだけたくさん笑うこともできるようになる。

7　「競争力と生産性向上」のために重視すべきこと

今日の日本では、「理数教育の充実」は当然のこととして受け容れられている。しかし、そこにも多くのかん違いがあり、「充実」の方向性を誤りかねない状況にある。最後に、この点についてとらえ直しておく。

2008年の学習指導要領改定の際に、「理数教育の充実」の方針のもと、小・中学校の理科の時間数と内容が、それ以前よりもかなり増え、それは2017年の改定においても引き継がれている。この方針は、2008年1月17日の中央教育審議会答申「幼稚園、小学校、中学校、高等学校及び特別支援学校の学習指導要領等の改善について」において示された。「科学技術は競争力と生産性向上の源泉」であり、「学術研究や科学技術をめぐる世界的な競争が激化」していて、「このような競争を担う人材の育成が各国において国力の基盤として認識され」るようになった、という認識のもと、「次代を担う科学技術系人材の育成」を「重要な課題」としている。その一方で、「科学技術の成果が社会全体の隅々にまで活用されるようになっている」ので、「国民一人一人の科学に関する基礎的素養の向上」も「喫緊の課題」だとしている。

　しかし、実際に「競争力と生産性の向上」を実現するためには、「国民一人一人の科学に関する基礎的素養の向上」こそが必要不可欠なのである。この点を学生たちにもとらえてもらうために、「初等理科教育法」では必ず、産業革命[27]について扱うことにしている。理科教育の目的を検討する前提として、学生たちが持っているかん違いを払拭しておく必要があるからである。

　イギリス産業革命は1760年代から1830年代にかけて起こった。1830年代で一区切りついて終わったことになる。何をもって終わったのか、産業革命が終わるとはどういうことなのか。それについてほとんどの学生は、他の国に追いつかれた、環境問題が深刻化したなど、停滞が始まったというようにかん違いしている。実際には、技術的な面でいうと、機械さえも機械によって大量生産されるようになることで、開発・改良された機械がすぐに、多くの工場に導入されるようになった。1830年代に、機械による大量生産体制が確立したことによって、その後のイギリスは「世界の工場」として躍進していったのである。

　開発・改良された新しい技術の導入を、経営者は競い合って進めるようになるのだが、この点をめぐっても、ほとんどの学生はかん違いをしている。新しい技術を導入することによって、従来よりも低価格の製品が大量に生産できるようになる、というかん違いである。

　新技術の導入だけでは従来よりも低価格は実現しない。新技術の導入とは、高価な技術を購入することである。購入に要した費用を製品価格に上乗せして販売しなければ元を取ることができない。したがって、新技術の導入は製品価格を引き上げる方向に作用する。にもかかわらず経営者が新技術の導入を競い合うのは、いくつかの条件を組み合わせることによって、従来よりも低価格の製品が実現し、市場を独占して大きな利益が得られるからである。条件の一つとして大量生産がある。大量生産するほ

ど、製品1個あたりに上乗せされる新技術購入費は少なくなる。それだけでは従来よりも低価格は実現しないのだが、それに人件費を削減したり、廃棄物処理費を節約したりするなどの条件が加わると、従来よりも低価格が実現する。

産業革命直後のイギリスでは、大きな利益を求めて、いち早く新技術を導入し、できるだけ短期間に大量に生産し、人件費と廃棄物処理費をできるだけ削ることが追求されるようになった。それによってイギリス社会は、とても悲惨な状況になってしまった。産業革命によって形成されたシステムの上に現代社会もあるため、同様な状況は現代においても生じ得る。

機械は疲れることなく作業し続けるため、深夜まで、さらには一日中、工場が稼働し続けることになる。それに合わせて、人間の労働も長時間になり、深夜労働、終夜労働も一般化していく。機械の導入によって、それまでの職人の仕事はなくなり、代わって女性や児童が工場で働くようになる。男性一人で家計を支えるのではなく、女性や児童も家計を支えるようになると、一人当たりの賃金水準は大幅に低下する。そのような賃金水準が一般的になってしまうと、女性や児童が働き続けなければ家計を支えることができなくなり、そのような状態から抜け出すことは困難になる。生活費が低廉化すれば、さらに賃金水準は低下する。粗末な質の悪い食品、不足する共同の水栓やトイレを前提とした劣悪な住宅など、生活の質は低下する。工場からの廃棄物は処理されることなく河川や大気中に放出され、河川の汚染や酸性雨などをもたらし、住民や農家に被害を与える。生活排水や汚物による不衛生な生活環境、機械を詰め込み稼働させ続けることを優先した労働環境、これらによってたびたび蔓延する伝染病と多発する事故が、労働力も破壊していく。

労働力を確保するために、このような状態の改善を経営者も望むようになるが、利益を求める自由な競争の中にあっては、単独ではどうすることもできない。そこで、労働時間に制限を設けるなどの規制を、社会的に決めてみんなで実施するという対応がなされるようになる。そのような社会的規制によって、産業革命後のイギリス社会の悲惨な状況は、やがて改善されていったのである。

いろいろな規制があることで技術発達が阻害されているとか、技術革新を進めるには規制の緩和が必要だとか、そのように漠然ととらえている学生も多い。しかし実際には、規制があったために発達した技術、規制がなければ普及しなかった技術がある。例えば、電気技術の普及・発展には、通信方式の統一、発送電の規格の統一などの社会的規制が不可欠であった。日本が1970年代に実施した自動車排ガス規制は、当時としては国際的に見て厳しいものであったが、環境対策技術の発達を促し、その後の高い国際競争力の基盤となった。他方で、社会的規制には、特定の企業の利益に

つながるという側面もある。「世界で最初の化学公害規制法」といわれるイギリスのアルカリ法（1863年）は、住民だけでなく、一部のアルカリ工場主の要求に基づくものであった。

日本の原子力発電も、種々の社会的規制があって、そのうえで普及してきたといえる。その中でも特に、「原子力損害の賠償に関する法律」（1961年）は重要な役割を果たしてきた。この法律には、普通では考えられないような特徴がある。まず、被害者の保護と並んで原子力産業の健全な発展が目的とされている。損害をもたらしたとしても、原子力産業は絶対に守られるようにする、というのである。また、基本的にすべて原子力事業者だけが賠償の責任を負うことになっている。メーカーは責任を負わないのである。しかも、限度額を超えた損害に対しては国が援助することが定められている[28]。国に援助され守られることを前提にしないと成り立たない事業・技術が、原子力発電なのである。

このように、一人前とは言えない技術、半人前の技術のままでも普及させてしまうような規制は、その技術の発達にとってマイナスである。それと競合する技術にとっても、まともな競争が成り立たないため、発達・普及の芽が摘まれてしまう。

多くの優秀な「科学技術系人材」が育成されたとしても、彼らが存分に力を発揮して研究・開発を進められるような規制、それらの成果が労働力や生活や環境の破壊をもたらさないようにする規制、有用な技術の発達・普及を促す規制、そのような社会的規制がなければ、「競争力と生産性の向上」は実現しないのである。規制を適切なものにできるかどうかは、国民一人一人にかかっている。そのための基礎的素養の向上が、理科教育の目的の一つとして重要である。

このような目的を実現するための理科教育では、自然科学の基本的な内容とともに、科学というものの特徴についての理解も欠かせない。それは、第7章で検討した「科学的」に関しても言えることで、最新の科学研究の成果が活用され、科学を有効に機能させるうえでも、科学というものの特徴についての理解は、「国民一人一人の科学に関する基礎的素養」として重要になる。

何のために教えるのか、教える目的のとらえ方によって、教師の創意工夫の方向性や教える内容が変わってくる。人間にとっての科学の意味を具体的に把握することによって、理科を教える目的を明確にすることができる。目的が明確になれば、創意工夫について、その必要性・妥当性を合理的に説明することができるようになる。合理的な説明ができることであれば、たとえ教科書に載っていないことであっても、教えて構わないのである。

○ 第8章　教育の目的論は学ぶ目的を論じるのではない

【注】
1　文部科学省『小学校学習指導要領解説理科編』2008年8月、p.3。
2　戸坂潤『科学方法論』岩波書店、1929年。
3　北林雅洋「「『科学的精神』論から『生活の科学化』へ―科学観の社会的定着に着目して―」木村元編『教育と人口の動態史―1930年代の教育と社会―』多賀出版、2005年、pp.503-538、参照。
4　北林雅洋「戦時下『国民生活科学化協会』の活動」『香川大学教育学部研究報告　第Ⅱ部』第67巻第1号、2017年3月、pp.1-20。
5　『中内敏夫著作集Ⅵ　学校改造論争の深層』藤原書店、1999年、「第3章　生活教育論争」を参照。
6　同上。
7　日本生活教育連盟が1998年にまとめた「生活教育5つの指標」にも、そのような視点は見られない。http://nisseiren.jp/about/indicator.html、参照。
8　末広喜代一ほか「理科以外の小学校教科書にみられる理科的内容の検討と活用」『香川大学教育学部研究報告　第Ⅱ部』第61巻1号、2011年3月、pp.9-57。
9　文部科学省『小学校学習指導要領解説理科編』2017年7月、p.7。
10　文部科学省『小学校学習指導要領解説総則編』2017年7月、p.13。
11　国民教育研究所編『教育基本法読本』労働旬報社、1987年、pp.65-76。
12　同上、p.64。
13　小口尚子・福岡鮎美『子どもによる子どものための「子どもの権利条約」』小学館、1995年、pp.56-58。
14　田中耕治『指導要録の改訂と学力問題―学力評価論の直面する課題―』三学出版、2002年、pp.121-134。
15　喜多明人「子どもの権利条約をめぐる現況と理論的諸問題―教育法学の見地から―」永井憲一編『子どもの権利条約の研究（補訂版）』法政大学出版局、1995年。
16　喜多明人「子どもの意見表明・参加の権利をめぐる現代的課題」『教育評論』2004年8月、pp.21-24。
17　福田雅章「問われた先進国日本の『子ども期の喪失』―人間関係を形成する権利としての意見表明権―」子どもの権利を守る国連NGO DCI日本支部編『子ども期の回復』花伝社、1999年。
18　一般向けに分かりやすく解説した最近のものとして、木附千晶・福田雅章『子どもの力を伸ばす　子どもの権利条約ハンドブック』自由国民社、2016年、がある。
19　田中実・富山小太郎「科学教育の役割と目標」『現代教育学10　自然科学と教育』岩波書店、1961年、pp.18-26。次の4項目である。①将来の社会成員として必要な労働能力の知的基礎を準備する。②政治的判断の基礎として、人間による自然支配の限りない可能性とさまざまな方式についての知識を与える。③自然および人間についての、科学的な一般的見解の基礎をつくる。④自然に対しても社会に対しても共通する、判断と行動の基本形式を獲得させる。
20　田中実「科学教育の目的について」『理科教室』1971年3月号。
21　北林雅洋「田中実の科学教育目的論の到達点」『香川大学教育学部研究報告　第Ⅱ部』第62巻第2号、2012年9月、pp.67-74、参照。
22　田中実『思想としての科学教育』大月書店、1978年、pp.57-58。
23　同上、p.61。
24　北林雅洋「人類の起源と科学・技術」『理科教室』2002年1月号、pp.96-101、参照。
25　小原秀雄『人〔ヒト〕に成る』大月書店、1985年、p.188。
26　戸坂潤『思想としての文学』1936年、全集第4巻。
27　産業革命と科学・技術の関係については、大沼正則『科学史を考える』大月書店、1986年、参照。
28　大島堅一『原発のコスト―エネルギー転換への視点―』岩波新書、2011年、pp.52-65、参照。

おわりに

　筆者（松本）は理学部出身であり、長年魚類の行動・生態を研究してきたが、縁あって教育学部に職を得て教員養成の指導に携わってきた。将来教員をめざす学生に対して筆者の専門分野に係わる生態学や行動学を軸にして生物学を教授している。生物学、特に生態学や行動学を学ぶに当たって欠かすことのできない概念が"進化"である。それは、現在の生物のありようを説明する生物学の核心をなす概念であり、遺伝学者ドブジャンスキーをして「生物学のすべての事象は進化の光に照らしてみなければ意味をなさない」とまで言わしめている。時間軸を交えて進化の観点から生物を捉えることで初めて、なぜその生物はそうなのかということ、つまり生命の意味を理解することが可能となる。

　しかしながら、大学での授業の回数を重ねるたびに、進化の考え方を理解し、それを用いて生命現象を説明できる学生がほぼ皆無であることどころか、学生には巷に広がる誤概念が浸透していることが明らかになってきた。生物学の本質をなす進化の概念を持たずに児童や生徒に生物について語る未来の教師を想像するだけで、空恐ろしい。第1章で述べた事柄が彼らにとって少しでも役に立ってくれることを願っている。

　また、第5章では認知科学の観点から観察において物が見えるとはどのような状態であるのかを解説した。観察の前には対象物に対する理解を促して予めその雛形をイメージしておくことが大切である。実際の理科の授業づくりにおいて、観察についての指導の参考にしていただければと思う。

　教科専門の教員である筆者が言うのはおこがましいが、本書が少しでも日本の理科教育に貢献できることを願ってやまない。

　なお、本書の出版には、香川大学教育学部学術基金からの援助（出版助成）を受けている。

著者一覧

北林雅洋（理科教育学、科学史）

篠原　渉（植物系統進化学）

寺尾　徹（気象学）

松村雅文（天文学）

松本一範（行動生態学）

理科教育をとらえ直す
―教員養成「教科内容構成」の実践に基づいて―

2019年2月27日　初版第1刷発行	
2022年10月26日　初版第2刷発行	
編　者	北林雅洋／松本一範
発行者	新舩 海三郎
発行所	株式会社 本の泉社
	〒112-0005　東京都文京区水道2-10-9
	板倉ビル2階
	TEL. 03-5810-1581　FAX. 03-5810-1582
印刷・製本	中央精版印刷 株式会社
DTP	木椋 隆夫

乱丁本・落丁本はお取り替えいたします。本書の無断複写（コピー）は、著作権法上の例外を除き、著作権侵害となります。

ISBN978-4-7807-1926-0 C0040